Gerhard Hölzerkopf

Führung auf den Punkt gebracht

Gerhard Hölzerkopf

Führung auf den Punkt gebracht

Praktische Handreichungen und Empfehlungen

GABLER

Bibliografische Information Der Deutschen Bibliothek
Die Deutsche Bibliothek verzeichnet diese Publikation in der Deutschen Nationalbibliografie; detaillierte bibliografische Daten sind im Internet über <http://dnb.ddb.de> abrufbar.

1. Auflage 2005

Lektorat: Ulrike M. Vetter

Der Gabler Verlag ist ein Unternehmen von Springer Science+Business Media.
www.gabler.de

Umschlaggestaltung: Nina Faber de.sign, Wiesbaden
Druck und buchbinderische Verarbeitung: Wilhelm & Adam, Heusenstamm
Gedruckt auf säurefreiem und chlorfrei gebleichtem Papier
Printed in Germany

ISBN 3-409-12721-6

In Verbundenheit all denjenigen gewidmet,

die Führung als Profession über den

Tag hinaus verstehen – stellvertretend

Hans Reder

Vorwort

„Und noch ein Buch zum Thema Führung“ – werden Sie bestimmt sagen oder sich fragen: „Warum denn nun noch eins?“

Die Idee, ein Buch zum Themen-Komplex Führung zu schreiben, fernab aller schrillen Botschaften und Instant-Angebote im Sinne von „Führung-Light im 5-Minuten-Takt“, entstand bereits vor vielen Jahren. Nämlich als ich feststellte, dass die Thematik Führung sehr oft entweder in die Richtung von Exponaten-Ausstellung ging oder dass sie häufig auf ein bzw. zwei Kernelemente erfolgreicher Führung reduziert wurde.

Doch allein diese Feststellung genügte nicht, um sich an diese überaus herausfordernde Thematik zu wagen. Vielmehr liegt meine Motivation insbesondere in drei Ansätzen begründet, die ich kurz aufzeige.

1. **Ansatz:**

   Einerseits steigen die Anforderungen im Berufsleben permanent, insbesondere für Führungskräfte, andererseits wird zunehmend mangelnde Führung konstatiert. Berichte, Studien, wie zuletzt die Gallup-Studie, belegen diesen Sachverhalt in eindeutiger Weise. Doch Konsequenzen daraus werden nur selten gezogen.

2. **Ansatz:**

   Die praktischen Erfahrungen in Organisationen zeigen deutlicher denn je, dass Führung bzw. Managen eine zu lernende Disziplin ist, zu der neben Befähigung gerade das Erlernen spezifischer Führungskompetenzen, beispielsweise Arbeitsorganisation, sowie das Sammeln von Erfahrungen gehört. Doch darauf wird kaum mehr Gewicht gelegt. Das jedoch wird für Unternehmen und Institutionen immer teurer werden, wie Markt-Studien und wissenschaftliche Untersuchungen belegen, und zwar von der Managementforschung bis hin zur Arbeitsmedizin.

3. Ansatz:

Wenn es um die entscheidende Frage der Produktivitätssteigerung geht, wird vielfach der Weg ausschließlich über Sachinvestitionen gewählt. Dabei bestehen in den Verbesserungsmöglichkeiten der Arbeits-Organisation enorme Potenziale, die Arbeits-Produktivität zu verbessern. Die Hemmnisse sind insbesondere in mangelnder Führung, sinkender Arbeitsmoral und unzureichender Kommunikation zu finden. Damit werden nachweisbar Human-Kapital vergeudet und vermeidbare Kosten geradezu produziert.

So entstand die Idee, die wesentlichen Kernelemente der Führung – im wahrsten Sinne des Wortes – auf den Punkt zu bringen.

Und damit sind wir bei des Pudels Kern: Richtiges Führen – sich und andere – bzw. richtiges Managen ist stets eine herausfordernde Aufgabe. Sie wird in unserer Arbeitswelt in ihrer Bedeutung für den jeweils angestrebten Erfolg, ob im Team, Bereich oder in Organisationen, weit unterschätzt. Nicht von ungefähr wächst der Anteil an Fach- und Führungskräften, die sich immer mehr als Zuschauer ihres eigenen Berufslebens sehen.

Denn wenn die Anforderungen ständig steigen, die individuellen (eigenen) Belastungsgrenzen von Führungskräften kaum noch selbst erkannt werden, bleibt kaum Luft bzw. Zeit zum Regenerieren. Doch zur Weiterentwicklung braucht die Wirtschaft Innovationen und der Mensch benötigt Reflexionen und Kreativität. Letzteres bleibt zunehmend auf der Strecke, zu Lasten des Unternehmenserfolgs sowie der Mitarbeiter gleichermaßen.

Hinzu kommt die Tatsache, dass sehr oft der Fokus bei der Aufgabenstellung einer Führungskraft fast ausschließlich auf seine Fachkompetenz gerichtet wird. Unbestritten, diese ist erforderlich. Doch wird dabei vielerorts Folgendes übersehen: Gerade die personale und soziale Intelligenz (beispielsweise Empathie) werden den entscheidenden Ausschlag über den Erfolg in der Arbeitswelt geben, nicht zuletzt unterlegt durch umfangreiche nationale und internationale arbeitsplatzbezogene Studien.

Das Ziel dieses Buches ist es von daher, dem Leser praktische Lösungsmöglichkeiten aufzuzeigen bzw. Handreichungen darzulegen. Dies immer unter dem Gesichtspunkt, dass Führung niemals kopierbar ist, aber Erfahrungen anderer für seine eigene Weiterbildung nutzbringend anwenden kann.

Das Buch in seiner Gesamtheit ist gekennzeichnet durch folgenden roten Faden: Praktisch – einfach – kompetent. Was heißt das?

- Praktisch in der Gliederung der ausschlaggebenden Führungs-Komponenten
- einfach in den eigenen Anwendungs-Möglichkeiten
- kompetent in der Herausarbeitung entscheidender Komponenten erfolgreicher Führung

Jedoch sind das Gestalten und Schreiben eines solchen Buches niemals ohne die Hilfe und Unterstützung anderer möglich. Dass ich das Glück hatte, in den verschiedensten Funktionen, so zum Beispiel als Auszubildender oder Referent, als Trainee oder Leiter, stets Mentoren oder Lehrer gefunden zu haben, die mich in meiner Entwicklung unterstützten, ist für mich keine Selbstverständlichkeit. Dafür möchte ich all denen meinen ganz besonderen Dank aussprechen.

Sie alle namentlich zu nennen, würde den Rahmen sprengen, doch alle, die damit gemeint sind, werden es bestimmt beim Lesen merken.

Mein besonderer Dank gilt vor allem auch jenen, die mich beim Erstellen dieses Buches unmittelbar mit Rat und Tat unterstützt haben:

Den Experten mit ihren Praxis-Beispielen: den Herren Horst Böhnke, Stockholm; Rainer Dahms, Frankfurt/Main; Peter Göschl, München; Peter Haenzel, Frankfurt/Main; Heinz-Joachim Klöpping, Frankfurt/Main; Dr. Lutz Raettig, Frankfurt/Main; Hans Jürgen Werth, Gelnhausen; und Dominik von Winterfeldt, Bad Homburg.

Dem Verlag: Stellvertretend meiner Lektorin Frau Ulrike M. Vetter für ihre unterstützende Betreuung und große Erfahrung.

Dem Sekretariat: Frau Roswitha Felme mit ihrem Know-how und ihrer Geduld, meine handschriftlichen Ausarbeitungen in die vorliegende Form zu bringen.

Besonderer Dank gilt auch Herrn Dr. Peter Dosterschill, München, und Herrn Dr. Volker Schwarzmann, Hamburg, für ihre hilfreichen Anregungen.

Gerhard Hölzerkopf

Inhaltsverzeichnis

Einführung

Ausrichtung des Buches

Kaum ein Begriff wird so schillernd in der Fachliteratur behandelt wie der der **Führung**. Es gibt bereits über 200 Managementmethoden sowie eine nicht mehr überschaubare Zahl an Veröffentlichungen zum Themenbereich Führung. So sind alleine circa 2 800 Veröffentlichungen zum Zeitpunkt des Entstehens dieses Buches in der Deutschen Bibliothek registriert, die im Titel den Begriff „Führung“ enthalten.

Es wird Land auf – Land ab monatlich in einschlägigen Veröffentlichungen über die zum Teil miserablen Führungssituationen in Wirtschaft und Institutionen berichtet. Das eine Mal ist es die fehlende Zielorientierung, das andere Mal wird über die fehlende Kommunikation geklagt, und oft wird die nicht wahrgenommene positive Verantwortung konstatiert.

Damit vergrößert sich zwar der Berg an Untersuchungen, Berichten und Kolumnen permanent, zu entsprechenden Veränderungen führt dies bis dato allerdings nicht, im Gegenteil.

Denn die in den letzten Jahren veröffentlichten Zahlen in der Gallup-Studie (Deutschland) belegen eindeutig: Allein der Anteil an engagierten Mitarbeitern sank in der Zeit von 2001 bis 2003 von seinerzcit 16 % auf 12 %, und damit ging ein erheblicher Produktivitätsverlust einher. Denn Gallup konnte nachweisen, dass gutes, mitarbeiterfokussiertes Management der Schlüssel zum Anheben des Engagementlevels darstellt.[1]

So schildert zum Beispiel die FAZ vom 03. November 2003 in einem Artikel: „Schuld am fehlenden Engagement der Angestellten seien vor allem die Vorgesetzten, so das Ergebnis der Befragung von 2 001 Angestellten. Schlechtes Management zeige sich darin, dass gegenüber den Mitarbeitern mit Anerkennung und Lob gespart werde, die persönliche Entwicklung des Einzelnen nicht gefördert werde und dieser Positionen auszufüllen habe, die ihm nicht lägen", heißt es weiter.

Als Bezug dafür kann als einfacher Vergleichswert die Fehlzeiten-Tage, bedingt durch Krankheit, herangezogen werden: 5 Fehltagen der engagierten Mitarbeiter stehen 11 Fehltage der Gruppe der Unzufriedenen, jeweils bezogen auf ein Jahr, gegenüber. Am Schluss des Berichtes heißt es dann in eindrucksvollen Zahlen ausgedrückt: „Die gesamtwirtschaftlichen Folgen der geringen emotionalen Bindung der Mitarbeiter beziffert Gallup für Deutschland mit zwischen 247 und 260 Milliarden Euro im Jahr."

Was kann es also sein, das „Führung" so schwierig macht?

Zur Beantwortung dieser entscheidenden Frage zunächst drei Feststellungen:

1. In der Literatur werden die unterschiedlichsten Richtungen beleuchtet, die sich zum Teil auch widersprechen, wie zum Beispiel die Eigenschaftstheorie oder die Behavioristische Theorie. Deshalb heißt es sehr zutreffend in der zweibändigen Management-Ausgabe an einer Stelle: „All diese vielen Ansätze (Führungs-Theorien) und unterschiedlichen Auffassungen zeigen die Komplexität der Führungsrolle und den schwer greifbaren Kern guter Führung."[2]

2. In vielen Gesprächen mit Führungskräften wurde mir oft der Satz entgegengehalten, wenn es darum geht zu ergründen, warum sich so viele Führungsprobleme gerade in der Mitarbeiter-Führung aufstauen: „Wir haben alles Mögliche für unseren Job gelernt – Fachwissen, betriebswirtschaftliche Methoden, Fremdsprachen, Umgang mit Informations-Technologie – nur nicht, oder wenn überhaupt nur ansatzweise, Führungskompetenz."

3. Bekanntlich braucht die Ökonomie zur Weiterentwicklung Innovationen und dies seit Anbeginn wirtschaftlichen Handelns und nicht erst seit 2004. Gleichzeitig gilt aber auch, dass der Mensch zur individuellen Weiterentwicklung Kreativität und Reflexionen benötigt. Doch dieser an sich sehr einfach nachvollziehbaren Erfahrung wird selten Rechnung getragen. So ist zunehmend folgende Tendenz festzustellen: Die überproportional ansteigenden Anforderungen, gerade im Hinblick auf Führungsaufgaben, können nicht mehr mittels traditioneller Vorgehensweisen oder tradiertem Führungsverhalten gelöst werden:

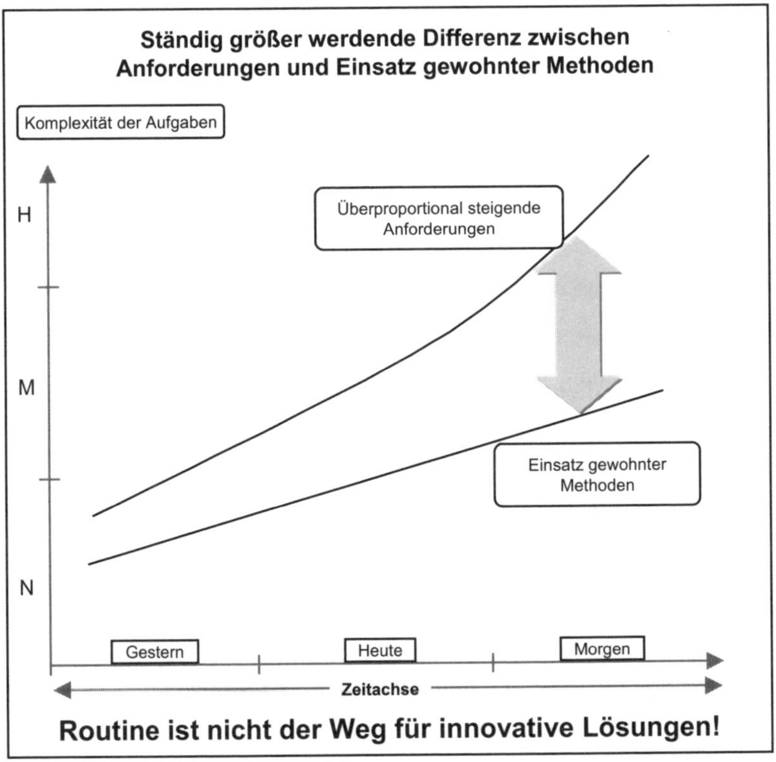

Abbildung 1: Steigende Komplexität der Aufgaben versus Einsatz gewohnter Methoden

Ziel muss es sein, diese ständig anwachsenden Differenzen zu reduzieren. Da die Anforderungen bekanntlich nicht reduzierbar sind, liegt der Weg nur in der Anwendung innovativer, der Problematik entsprechenden Lösungsansätzen.

Zusammenfassend kann demzufolge die bereits gestellte Frage: „Was kann es also sein, was Führung so schwierig macht?“ nur dann beantwortet werden, wenn

- die vorhandene Komplexität reduziert wird, sowie
- die die Führung bestimmenden Faktoren eindeutig und nachvollziehbar erkennbar werden.

Aus diesen beiden Ansätzen leitet sich auch der Aufbau des Buches ab. Hierfür werden zunächst

- die Zielsetzungen des Buches spezifiziert,
- Führung als Prozess in seinen Eckpunkten beschrieben und darauf aufbauend,
- seine Messbarkeit exemplarisch beschrieben.

Im Anschluss daran wird das allerorten konstatierte

- **Führungs-Dilemma** aus verschiedenen Richtungen exemplarisch beleuchtet, sowie Wege aufgezeigt, diesen Zustand positiv zu verändern, um dann daran anzuschließen im Kapitel:
- **Führung ▪ auf den Punkt gebracht** zentrale Fragestellungen der Führung zu verifizieren.

Die dann folgenden

- **Praxis-Beispiele** sind in ihrem Aufbau gleich, damit man sich schnell in die jeweilige Situation hineinversetzen kann.

In dem darauf folgenden Kapitel

- **Handreichungen für eine erfolgreiche Führung**

werde ich mich auf wesentliche Elemente, die Führung ausmachen, konzentrieren, um daraus praktische und für den Einzelnen nachvollziehbare Empfehlungen ableiten zu können, die ihm Spielraum für eigene Anwendungen lassen.

„Auf den Punkt gebracht" darf aber nicht zu dem Trugschluss führen, dass letztlich ein Element der Führung, zum Beispiel Motivation oder Verantwortung, als des Pudels Kern erfolgreicher Führung herausgestellt wird. Der Fokus liegt vielmehr auf der Gesamtsicht relevanter Faktoren.

Begriffs-Dimension

Nun ist schon mehrfach der Begriff Führung benutzt worden, ohne ihn dabei näher beschrieben zu haben. Etymologisch betrachtet bedeutet das Wort „führen" ursprünglich „in Bewegung setzen",… dann „bringen" und „leiten", heute im Sinne von „leiten, die Richtung bestimmen" [3].

Stellt man dieser Beschreibung eine spezifizierte Definition von Führung gegenüber, lautet diese: „die Fähigkeit eine Richtung vorzugeben, andere im Sinne eines gemeinsamen Ziels zu beeinflussen, sie zu motivieren und zum Handeln zu bringen und sie für ihre Leistungen in die Verantwortung zu übernehmen"[4]. Führung kann somit als ein „Prozess von Steuern in eine bestimmte Richtung, mit einem bestimmten Ziel unter Einsatz von Ressourcen" verstanden werden.

Generell kann dabei unterschieden werden zwischen einer auf eine Organisations-Einheit ausgerichteten Führung, wie zum Beispiel Führung von Unternehmen, Betrieben oder Institutionen, oder einer auf Menschen unmittelbar bezogenen Ebene, wie zum Beispiel Personalführung (Abbildung 2).

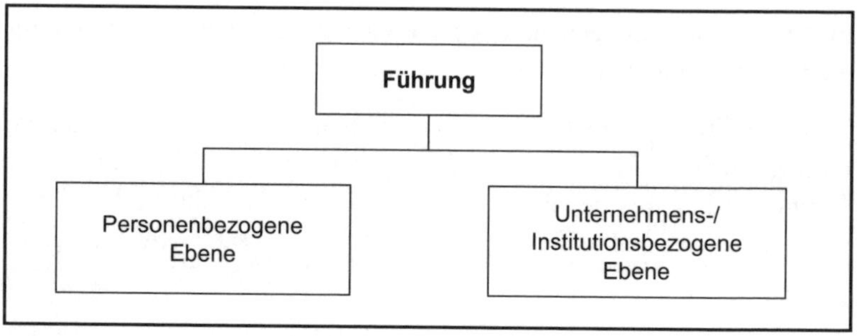

Abbildung 2: Dimensionen der Führung

Der Schwerpunkt dieses Buches umfasst vornehmlich die personenbezogene Führung, differenziert in „Eigene Führung“ im Sinne von Selbstmanagement und „Führung anderer“ im Sinne von Personalführung. Hierzu einige praktische Beispiele in der Abbildung 3:

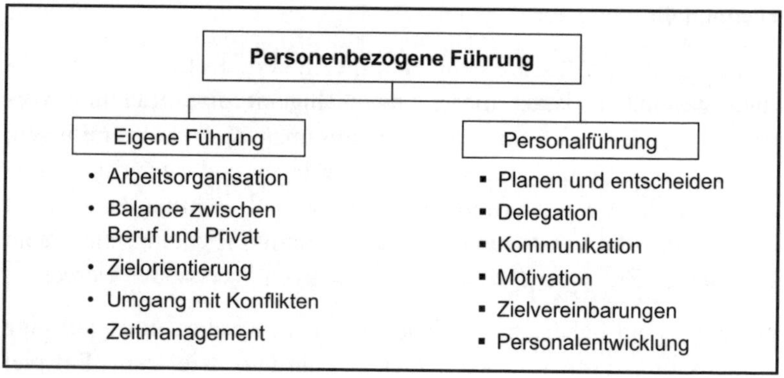

Abbildung 3: Personenbezogene Führung

Die Begründung für eine Verifizierung beiden Komponenten „Eigene Führung“ und „Führung anderer“ liegt vor allem in der unterschiedlichen Ausrichtung der Aufgabenstellung und in ihrer häufigen Verwechslungsgefahr in der Praxis. Auf beides wird in den folgenden Kapiteln näher eingegangen; deshalb an dieser Stelle nur ein kurzer Hinweis hierauf.

Ergänzt sei, dass als Synonyme für Führung die Begriffe wie Leitung oder Managen angesehen werden können. Von einer bewussten Unterscheidung zwischen Leader und Manager halte ich nicht sehr viel, da ihre inhaltliche Abgrenzung eher willkürlichen Charakter hat, je nach Perspektive sogar der zeitliche Rahmen als Spezifikum angewandt wird. Abhängig vom Modetrend wird der eine oder andere Begriff in den Vordergrund gedrängt, ohne damit Klarheit für Dritte zu schaffen.

Zielgruppe und Anwendungsmöglichkeiten

Für wen eignet sich das Buch und wie kann es genutzt werden? Es wendet sich in erster Linie an all diejenigen, die Interesse an dem Thema Führung haben, eigene Ansätze weiterentwickeln möchten oder auch Anregungen aus den Praxisbeispielen gewinnen möchten.

Die Zielgruppe im engeren Sinne kann daher wie folgt umrissen werden:

- Führungskräfte bzw. Führungs-Nachwuchskräfte
- Manager und Unternehmer
- Selbständige bzw. Freiberufler
- Mitarbeiter mit Führungsaufgaben
- Menschen, die sich mit der Themenstellung „Führung“ beschäftigen

Dieses Buch dient in **erster Linie als Orientierungshilfe** und erhebt nicht den Anspruch zu wissen, wie Führung idealerweise aussieht. Denn die gibt es nicht.

In **zweiter Linie ist es angelegt als Handreichungen in Form von praktischen Empfehlungen** zu zentralen Fragestellungen im Zusammenhang mit Führung. Dabei können sich ganz unterschiedliche **Schwerpunkte in den Anwendungsmöglichkeiten** ergeben:

- Wege zur eigenen Weiterentwicklung hinterfragen und neu bestimmen
- Lernen zusätzlicher Lösungswege anhand von Praxis-Beispielen
- Nutzung der Checklisten für eigene Anwendungen
- Anregungen zum eigenen Reflektieren gewinnen
- Erkennen eigener Potenziale in Fragen der Personal-Führung
- Eigenständiges Entwickeln von Verbesserungsmöglichkeiten
- Führung für sich selbst messbar(er) zu gestalten

An dieser Stelle möchte ich gerne nochmals betonen, dass die im Folgenden aufgezeigten Handreichungen als Empfehlungen und nicht als Rezepturen zu verstehen sind. Denn gerade dieses würde einer der Zielaussagen des Buches widersprechen, nämlich der Tatsache: Führung ist immer individuell und nicht kopierbar. Aber man kann viel aus Erfahrungen bzw. Erkenntnissen anderer lernen, ohne dabei das Rad immer wieder neu erfinden zu müssen.

Thesen als Arbeits-Hypothesen

Zur besseren Veranschaulichung der zentralen Themenstellungen des Buches bietet es sich an, so genannte Thesen in Form von Arbeits-Hypothesen zu stellen, die gleichzeitig dem Leser eine eigene Positionierung ermöglichen:

1. These: ◆ **Führung ist nichts Außergewöhnliches!**
Und gute Führung schon gar nicht, jedoch auch keine Aufgabe, die man nebenher erledigen kann.

2. These ◆ **Führung will gekonnt sein!**
Aber auch gelernt sein – und dies bitte nicht anhand von Rundschreiben oder aktionsgeladener Kurz-Seminare.

3. These ◆ **Nur wer sich selbst führen kann, kann auch andere führen!** Daraus wird jedoch oft der falsche Umkehrschluss gezogen: Wer sich selbst führen kann, kann auch andere führen.

4. These ◆ **Führung will wie Kochen gelernt sein!** Man weiß zwar, was man mit einer Bratpfanne im wahrsten Sinne des Wortes alles „anrichten" kann, aber wie es dann schmeckt, fällt doch sehr unterschiedlich aus!

5. These ◆ **Viele versuchen, Führungsfragen von heute mit den eigenen Erfahrungswerten von gestern zu lösen.** Dabei werden oft die Entwicklungen im Prozessverlauf nicht ausreichend berücksichtigt.

6. These ◆ **Führung ist immer auch Ausdruck der eigenen Einstellung und Werthaltung!** Und damit auch immer eine Frage der eigenen Denk- und Handlungsgewohnheiten.

7. These ◆ **Führungsleistungen beeinflussen in weitaus höherem Maße die Produktivität als häufig angenommen wird.** Ein mit entscheidender Grund ist der, dass sich zum einen Führung bzw. Führungsleistungen als so überaus komplex darstellen, zum anderen vielfach die Auffassung vertreten wird, dass Führungsleistung nicht messbar sei.

Führung als Prozess

Ausgangssituation

Beginnen möchte ich mit einer persönlichen Erfahrung, die mich seit über zwanzig Jahren sozusagen begleitet, wenn es darum geht, den Begriff Führung für sich selbst zu entwickeln.

Anfang der 80er Jahre erhielt ich von IBM einen Jahreskalender mit zwölf ausgewählten Persönlichkeiten von der Antike bis zum 20. Jahrhundert.

Bei der Betrachtung der einzelnen Kalenderblätter entstand bei mir der Wunsch, drei von den zwölf Persönlichkeiten auszuwählen, die ich stellvertretend für meine Arbeitsweise bezeichnen konnte. Zum damaligen Zeitpunkt ahnte ich nicht, dass für mich diese Art der Arbeitsweise in den darauf folgenden Jahren sehr entscheidend sein würde, nämlich die Fähigkeit zu entwickeln, Komplexität zu reduzieren. Denn diese ist eine der entscheidenden Herausforderungen der gegenwärtigen Zeit geworden.

Meine Wahl fiel damals auf Aristoteles, Clausewitz und Wiener. Aristoteles steht stellvertretend für das Denken, Clausewitz für Strategie, und Wiener gilt als Begründer der Kybernetik. Diese drei „Köpfe“ hingen mir nun gegenüber, und im Laufe der darauf folgenden Monate verfolgte ich das Ziel, alle drei „Richtungen“ in einem Satz zusammenzuführen, um sie als anschauliches Spiegelbild meiner Arbeitsweise anwenden zu können. Es entstand dann daraus der Satz: „Um seine Ziele strategisch sinnvoll zu erreichen, gilt es, in Zusammenhängen zu denken.“

Wenn man nun diesem Satz die Definition von Führung gegenüberstellt, nämlich als einen „Prozess von Steuern in eine bestimmte Richtung mit einem bestimmten Ziel unter Einsatz von Ressourcen", so stellt man fest: Führung ist vor allem gekennzeichnet durch die Komponenten:

- Ziele: Was will ich erreichen?
- Strategie: Wie komme ich dahin?
- Ressourcen: Mit welchen Mitteln?

verbunden mit dem Kontext, in dem der Prozess stattfindet. Das heißt in übertragenem Sinne: Die Aufgabe erhält den entsprechenden Stellenwert stets in Verbindung mit der konkreten Aufgabenstellung wie zum Beispiel: Führung einer Projektgruppe, eines Betriebs oder auch einer Reisegruppe; aber auch Führung des eigenen Schreibtisches.

Diese vielfältige Anwendung des Begriffes Führung ist mit eine Ursache dafür, dass unter Führung fast jeder etwas anderes versteht. Dies wird dann noch verstärkt durch die inflationären Begriffserfindungen wie Management bys, Leadership-Management bis hin zu Manager-Leaders, die dann oft als die ultimativen Lösungsansätze den Unternehmen schmackhaft gemacht werden.

Doch wie kann dann überhaupt eine Begriffs-Definition bei all dieser vorherrschenden Divergenz lauten? Die Antwort hierauf wird im folgenden Abschnitt gegeben.

Begriffs-Definition

Zwei Beispiele aus Wissenschaft und Praxis möchte ich an den Anfang stellen, um darauf aufbauend bzw. daraus ableitend eine Begriffs-Abgrenzung für das Buch vorzunehmen.

Als Erstes möchte ich die Definition von Rolf Wunderer, die ich im Rahmen eines Seminars des Instituts für Führung und Personalmanagement der Universität St. Gallen (I.FPM) kennen lernte, zitieren.

Danach wird Führung definiert als „zielorientierte soziale Beeinflussung zur Erfüllung gemeinsamer Aufgaben in/mit einer strukturierten Arbeitssituation“, wobei er unterscheidet nach „direkter, interaktioneller Führung“ im Sinne von Menschenführung und der „indirekten, strukturellen Führung“ im Sinne von Unternehmens-/Personalführung. Zum zweiten Teil zählt er auch das Personalmanagement (zum Beispiel Beschaffung, Einsatz, Vergütung etc.).

Als Zweites möchte ich ein Ergebnis aus der Unternehmenssicht darlegen:

Befragungen in Unternehmen, was nach dortigem Verständnis Führungskräfte sind, bzw. was unter Führung verstanden wird, haben ein sehr breit gefächertes Ergebnis gezeigt.

Die Kriterien, wodurch Führungskräfte in einem Unternehmen definiert sind, reicht von funktionaler Betrachtung, beispielsweise ab Meister oder Abteilungsleiter aufwärts, über rechtliche Faktoren, wie zum Beispiel arbeits-, tarif- bzw. verfassungsrechtliche, bis hin zu einkommensbezogenen Größen. Und dies dann auch noch in kombinierter Form. Es gibt sogar Unternehmen, die ihrem Grundverständnis nach alle Mitarbeiter als Führungskräfte ansehen. Dies erfolgt vor dem Hintergrund, dass jeder zumindest sich selbst führt, um damit dem Anspruch Verantwortung gegenüber den Unternehmen, seinen Kollegen, bzw. sich selbst gegenüber, den erforderlichen Nachdruck zu verleihen.

All diese Beschreibungen zeigen sehr deutlich, dass der Begriff Führungskraft, und damit auch Führung, stets im jeweiligen Kontext zu sehen ist.

Jedoch kennzeichnen drei Komponenten stets Führung, und zwar:

1. **Führung ist stets als ein Prozess zu verstehen, der ganz im Sinne der Definition von Wunderer als zielorientierte soziale Beeinflussung zwecks Aufgabenerfüllung anzusehen ist.**

2. **Jede soziale Interaktion bedarf einer der Aufgabenerfüllung entsprechenden Kommunikation.**

3. **Jede Handlung der Beteiligten ist geprägt durch die dabei wahrgenommene Verantwortung, auch sich selbst gegenüber.**

Aufbauend auf diesen drei Kern-Elementen, was Führung ausmacht, werden nachfolgend die wesentlichen Eckpunkte der Führung spezifiziert.

Eckpunkte der Führung

In Anlehnung an den Ansatz von Malik hinsichtlich Führung („Führen, Leisten, Leben"[5]) ist Management keine Wissenschaft, obwohl Grundlagen der verschiedenen wissenschaftlichen Richtungen darin Eingang finden, sondern eine der entscheidenden Funktionen; er hält sie für die entscheidendste unserer heutigen Gesellschaft.[6]

Danach ist Führung, als Synonym für Managen, eine Funktion von: Gestalten, Entwickeln, Ordnen, Steuern und Verwalten und lässt sich nicht auf einseitig ausgerichtete Betrachtungsweisen reduzieren, wie zum Beispiel auf betriebswirtschaftliche Kenngrößen oder soziale Faktoren (Führung ist Vertrauenssache) oder durch verbal konstruierte Gegensätze wie Management-Leader, Leadership-Manager, denen dann auch noch unternehmerische Erfolgs-Kriterien zugerechnet werden.

Ebenfalls übereinstimmend mit seinem Managementansatz sehe ich in der Führung „*Aufbauend auf der Kybernetik als Grundlage und ergänzenden anderen Wissenschaften ist Management eine berufliche Disziplin und eine erlernbare Praxis.*"[7]

Wenn also unter Führung in erster Linie die Steuerung eines Prozesses verstanden werden kann, der zwar in seinem Umfang und in seiner Komplexität sehr unterschiedlich ausfällt, dann bestimmen drei Kriterien den Ablauf:

1. **Es soll ein bestimmtes Ergebnis erreicht werden, also ergebnisorientiert sein,**
2. **dies unter Einsatz bestimmter Ressourcen, dazu zählt insbesondere das Human-Kapital,**
3. **unter Wahrnehmung entsprechender Verantwortung sich selbst und anderen gegenüber.**

Werden diese drei Elemente ergänzt durch die beiden Komponenten Kommunikation, sozusagen als Schmiermittel des Prozesses und Methoden/Tools als das erforderliche Handwerkzeug angesehen, so ergibt sich das folgende Fünf-Eck:

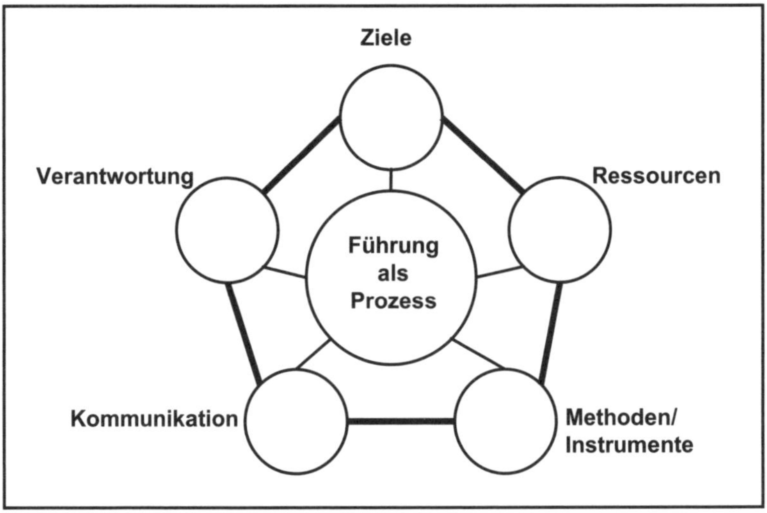

Abbildung 4: Eckpunkte der Führung

Es handelt sich hierbei um einen Modell-Ansatz, der selbstverständlich erweitert bzw. verändert werden kann. Wichtig ist die Ausrichtung und die Erforderlichkeit, sich auf das Wesentliche konzentrieren zu können, um Führung als Prozess im Ganzen zu verstehen und steuern zu können. Denn nur in Gänze kann ein Führungsergebnis eingeschätzt sowie bewertet werden und nicht, wie so oft, unter einem Blickwinkel Stichwort: „Führung ist Kommunikation" oder „Führung braucht Ziele", oder auch „Keine Führung ohne Verantwortung".

Denn jeder Führungsprozess ist durch alle fünf Komponenten geprägt, natürlich in unterschiedlicher Intensität und mit unterschiedlicher Gewichtung je nach Aufgabenstellung, Situation, Umfeldbedingungen im engeren und weiteren Sinne gleichermaßen.

Überträgt man nun diese fünf Kriterien (Eckpunkte) auf eine konkrete Führungsaufgabe, so ist sogleich festzustellen, mit welch praktischem Bezug die Kern-Elemente ausgefüllt werden können.

Ein konkretes Beispiel soll dies unterlegen. Ausgewählt ist eine neutralisierte Aufgabe im Rahmen eines Projekt-Auftrages in einem Unternehmen. In Kurzform dargestellt:

- **Ziele**
  Quantitative und qualitative Werte in ihrer Ausprägung festgelegt:
  - Einführung eines flexiblen Arbeitszeit-Modells (Mitarbeiter-Gruppen)
  - Zeit- und Kostenrahmen/Budgets
  - Qualitäts-Anforderungen/betriebs- und mitarbeiterbezogen
- **Ressourcen**
  Kosten, Kapazitäten, Qualitätsanforderungen inhaltlich bestimmt:
  - Projektgruppe, Leitung, Mitglieder
  - Research,
  - IT-Einsatz
- **Methoden/Instrumente**
  Technisches und organisatorisches „Handwerkzeug" für die Projekt-Mitglieder:
  - Standardisiertes Projekt-Management-System
  - Expertenbefragung
  - Pilotierung

- **Kommunikation**
  Informations-Handling mit Plattformen bestimmt:
  - Transparenz mittels Intranet
  - Formelle Spielregeln der Informations-Handhabung
  - Teamentwicklung
- **Verantwortung**
  Gemäß vorangegangener Kriterien konkretisiert:
  - Budgets
  - Reporting/Feedback
  - Leistungsbeurteilung
  - Kontrollmechanismen
  - Einhaltung von Meilensteinen
  - Adäquates Einbeziehen von Gremien

Die als Beispiel aufgeführten Punkte bedürfen naturgemäß einer inhaltlichen Spezifizierung, die im konkret vorliegenden Fall auch stattfand. Wichtig an dieser Stelle bleibt jedoch festzuhalten, dass mit den für relevant erachteten Eckpunkten der Führung in der Praxis unmittelbar gearbeitet werden kann, verbunden mit einer hohen Transparenz und mit einem sicher überaus produktiven Rollenverständnis der Projekt-Mitglieder.

Messbarkeit der Führung

Die Heterogenität des Begriffs Führung wie auch seine vielfältigsten Interpretationen, von denen schon mehrfach die Rede war, führt häufig zu dem Trugschluss, dass er demzufolge auch nicht messbar ist. Was sich bei genauem Hinsehen natürlich als falsch erweist. Denn per definitionem ist ja gerade das zu erzielende Ergebnis der Prüfstein jeglicher Führung. Warum soll sie dann auch nicht messbar sein?

Zum anderen kann nur das gezielt beeinflusst werden, was vorher gemessen wurde. Um eines an dieser Stelle zu betonen: Ich bin davon überzeugt, dass zwar nicht alles messbar ist, aber weitaus mehr, als sich oft vorgestellt wird. So hat sich erst in den letzten Jahren immer mehr der Eindruck gefestigt, dass auch Personalarbeit in einem Unternehmen hinsichtlich quantitativer und qualitativer Kriterien sehr wohl gemessen werden können. Aber dies wird nur in den seltensten Fällen in die Praxis umgesetzt.

Auf die Frage, warum dies nicht erfolge, wenn es denn gewünscht wird, kommt häufig die Antwort: „Das liest sich immer prima und hört sich auch toll an, aber wie soll dies in der Praxis funktionieren?" (Zitat im Rahmen einer Besprechung in einem größeren Unternehmen)[8].

Doch zurück zur Ausgangsfrage: „Wie ist Führung messbar?" Hierzu wird ein dreistufiger Ansatz gewählt, der im Überblick wie folgt aufgebaut ist:

1. Stufe: Festlegung relevanter Führungs-Kriterien zwecks gezielter Steuerungs-Möglichkeiten.

2. Stufe: Vergleich zwischen den für das Unternehmen als relevant erachteten Erfolgs-Faktoren bezüglich Personalführung und den Zielwerten des jeweiligen Bereichs.

3. Stufe: Festlegung der Zielgrößen, der einzelnen Maßstäbe und jeweiligen Mess-Instrumente bzw. Ergebnis-Daten (Quellen).

In der **1. Stufe** wird der konkrete Rahmen, in dem Führung gemessen werden soll, festgelegt, in einem praktischen Fall erfolgte dies anhand der im Unternehmensbereich eingesetzten Balanced Scorecard (BSC), die bekanntlich vier relevante Eckpfeiler des Unternehmens widerspiegelt:

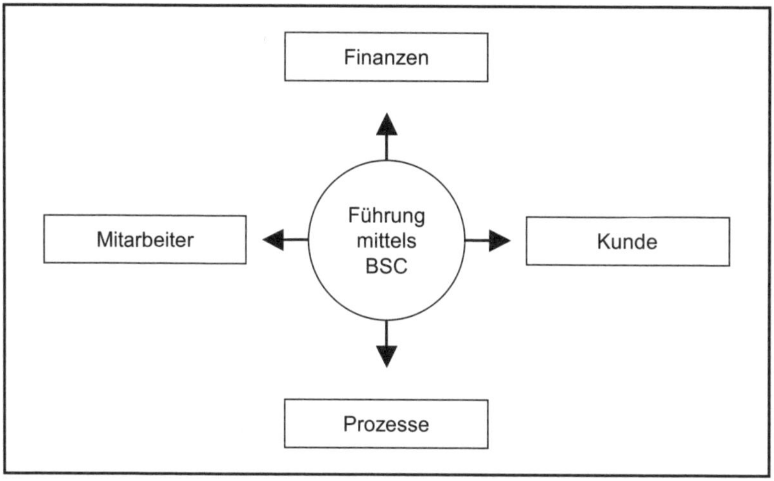

Abbildung 5: Eckpfeiler einer BSC (Balanced Scorecard)

Damit soll erreicht werden, dass messbare „Führungs-Kennziffern" einen betriebswirtschaftlichen Bezug erhalten, was auch dazu führt, eine höhere Akzeptanz zu erreichen, als dies der Fall wäre, wenn Führung ohne unmittelbaren Bezug zum betrieblichen Geschehen gemessen wurde. Was häufig eine Schwäche in der Aussagekraft von Mitarbeiter-Befragungen bedeutet und somit ihre praktische Anwendung bzw. ihren unternehmensbezogenen Nutzen enorm verringert.

In der **2. Stufe** geht es nun darum, generelle Erfolgsfaktoren von Führung zu spezifizieren. In dem eigens praktizierten Modell-Ansatz wurden fünf Kernelemente ausgewählt. Im Einzelnen handelte es sich dabei um folgende:

- Aufgabenerfüllung – mit der Maßgabe, sich auf die Haupt-Ziele zu konzentrieren, unter Einhaltung der vorgegebenen Ressourcen – Nutzungsgrade (in der Regel Bandbreiten)
- Kommunikation – sozusagen als „Schmierstoff" eines produktiven Prozesses
- Vertrauen – im Sinne von beispielsweise Offenheit herstellen

- Entfaltung – indem den Mitarbeitern gezielt Freiräume eingeräumt werden
- Entwicklung – zum Beispiel im Rahmen der Personalentwicklung die Stärken fördern

Diesen zunächst generellen Faktoren wurden nun spezifizierte Indikatoren zugeordnet, um überhaupt eine Messbarkeit zu ermöglichen.

In Abbildung 6 werden hierzu einige konkrete Beispiele genannt.

Generelle Kriterien	Ausgewählte Indikatoren/ Mess-Instrumente
Aufgabenstellung/Zielwerte (Konzentration auf das Wesentliche)	• Zielvereinbarungen/Beurteilungskriterien • Marktentwicklungsziele/Erfüllungsgrad • Erfüllungsgrad der Anforderungs-Profile
Kommunikation im Team (Produktiv beherrschen)	• Meetings/Spielregeln • Feedback-Gespräche • Befragungen
Vertrauen untereinander (Herstellen im Sinne von Offenheit)	• Delegation von Verantwortung/ Teil-Projekte • Anwendung der bestehenden 5 Führungsprinzipien
Entfaltung ermöglichen (Freiräume schaffen)	• Umgang mit Fehlern • Kompetenzprofile/Abgleich • Projektarbeit/Arbeitsergebnisse
Personal-Entwicklung (Aktiv fördern)	• Entwicklungsquote pro Einheit • Erfüllungsgrad der Ausbildungspläne • ROI von Qualifizierungsmaßnahmen

Abbildung 6: Praxis-Beispiel: Messung von Führungs-Indikatoren

In der sich daraus anschließenden **3. Stufe** geht es vornehmlich um die Fragen:

- Wie lauten die Ziele?
- Was wird gemessen und wann?
- Womit werden die Ergebnisse festgestellt?

Hierzu ein praktisches Beispiel für die Messung von Führungsleistung in einem Unternehmen:

- **Wie lauten die Ziele?**

a: Gesteckte Ziele/Aufgaben sind nahezu 100 %ig mit den vorgegebenen Kapazitäten/Ressourcen zu erfüllen.

b: 5 % der Mitarbeiter der betreffenden Organisationseinheit sind innerhalb von 18 Monaten weiterzuentwickeln (Aufgabe/Funktion).

c: Alle Mitarbeiter sind zeitnah über relevante Themen zu informieren.

- **Was wird gemessen und wann?**

a: – Zielerreichungsgrad (monatlich)
– Kapazitätsauslastung (monatlich)
– Arbeitszeit (monatlich)
– Ressourcen-Auslastungsgrade (monatlich)

b: – Anzahl der Wechsel (vierteljährlich)
– Qualifizierungsanteil pro Einheit und Zeitrahmen (halbjährlich)

c: – Kommunikationsverhalten (jährlich)
– Informationsgrad (jährlich)

- **Womit werden die Ergebnisse festgestellt?**

a: – Beurteilungsgespräche
– Stellenplan/Auslastungsgrad
– Fehlzeiten-Analyse
– Controlling-Unterlagen

b: – Personalentwicklungsplan-Daten
– Fortbildungs-Datenbank

c: – Mitarbeiterbefragung
– Teil-Umfragen

Fazit: In einem zunächst für äußerst schwierig gehaltenen Anspruch, nämlich Führungsleistungen messen zu können, wurde innerhalb kurzer Zeit der Nachweis erbracht, dass Führungsleistungen sehr wohl messbar sind. Dabei hat zusätzlich die Tatsache überrascht, dass mehrere Zielgrößen gemäß obigem Beispiel sogar positiv übertroffen wurden. Dabei hat sich wiederum bestätigt, dass ein Beschränken auf wesentliche Kriterien für den Erfolg sehr entscheidend ist.

Diese dabei gewonnenen Ergebnisse bedurften selbstverständlich ihrer Interpretation, um anhand von Entwicklungs-Zeitreihen oder mittels internem Benchmarking den entsprechenden Anwendungs-Nutzen, auch in der Zukunft, zu erhalten.

Ein praktisches Ergebnis soll dies verdeutlichen:

> In einem Unternehmen mit mehreren Betriebseinheiten wurden bekanntermaßen sehr unterschiedliche Führungsstile praktiziert. Jedoch war die Überraschung über die sehr voneinander abweichenden Ergebnisse, sowohl pro Bereich als auch zwischen den Bereichen, groß. Denn es konnte nachgewiesen werden, dass es eine eindeutige Korrelation zwischen den so genannten „harten" Faktoren, ausgedrückt in produktivitätsbestimmenden Faktoren, wie beispielsweise Fehlzeiten-Quoten, Reklamationen, Qualitätsminderungen, und den jeweiligen Führungsleistungen gab.
>
> Angemerkt sei in diesem Zusammenhang auch der positive Effekt, wie er seitens der Geschäftsleitung dieses Unternehmens bezeichnet wurde: „Am Anfang standen wir eigentlich der ganzen Sache doch sehr skeptisch gegenüber, aber nun ist festzustellen, dass auch wir daraus gelernt haben und für den Betrieb einen wirtschaftlichen und sozialen Vorteil erzielen konnten."

Und diese Erfahrung mache ich immer wieder. Die Bereitschaft, sich in seiner Führungsleistung messen zu lassen, ist naturgemäß sehr unterschiedlich und reicht von sofortiger Ablehnung bis hin zum aktiven Umsetzen. Häufig resultiert die Ablehnung aus der Unkenntnis über das eigentliche durchaus erzielbare positive Verhältnis von

Aufwand und Ertrag. Zum einen wird damit aus deren Sicht ein ungeheuerer Zeitaufwand betrieben, zum anderen ist der Nutzen, ebenfalls aus ihrer Sichtweise her erklärbar, nicht messbar und damit auch für sie nicht nachweisbar.

Die daraus abzuleitende Konsequenz kann demzufolge nur lauten:

- Der Prozess muss praktisch unternehmensbezogen sein,
- der betriebswirtschaftliche Erfolg muss weitaus höher sein als der damit verbundene Aufwand,
- die damit einhergehende Professionalität muss adäquat „gemanagt" werden.

Und genau dem trägt der oben aufgezeigte methodische Ansatz bzw. Prozess-Ablauf Rechnung.

Philosophien und ihr praktischer Nutzen

Defizite im Führungs-Verständnis

Ziel dieses Kapitels ist es nicht, bekannte Führungs-Philosophien aufzuzählen oder sogar in ihrer Anwendbarkeit zu bewerten, um dann die so genannte ultimative Lösung zu empfehlen, nach dem Motto: Man nehme drei Denkansätze der Stoiker und verbinde sie mit der dreiteiligen Dialektik von Hegel. Vielmehr geht es in den folgenden Seiten darum, den möglichen Nutzen und damit die Hilfe zugleich für den Leser darzulegen, sich mit philosophischem Gedankengut konstruktiv auseinander setzen zu können.

Was mich nämlich in dieser Richtung, nicht zuletzt aufgrund eigener Erfahrung bestärkt hat, sind die sich stets wiederholenden Prinzipien verantwortungsvollen Handelns. Dies gilt gerade in Fragen der Führung, die sich spiegelbildlich in einer entsprechenden Geisteshaltung bzw. Einstellung ausdrücken, zum Beispiel gegenüber Kunden, Mitarbeitern, Kollegen oder Vorgesetzten.

Nicht von ungefähr kommt der Ausspruch „Führung ist Vorbild“, womit oft implizit unterstellt wird, dass hierbei ethische Grundwerte beachtet werden, wie zum Beispiel: Achtung vor dem anderen.

Doch wie können philosophische Richtungen konkrete Hilfestellung in Fragen der Führung geben?

Hierzu wird auf einen Ansatz Bezug genommen, der von Müller-Merbach in, wie ich meine, sehr prägnanter Form aufgezeigt, wie aus philosophischen Erkenntnissen ein praktischer Nutzen für Fragen der eigenen Führung gewonnen werden kann. So schreibt er eingangs:

„In den westlichen Industrienationen wird eine unglaubliche Verschwendung betrieben: eine Verschwendung an Ideenkapital.

Die Schätze an Weisheit, von Philosophen in zweieinhalb Jahrtausenden für uns angehäuft, lassen wir ungenutzt verkümmern. Wir haben sie den philosophischen Fakultäten zur Ahnenpflege anvertraut und in den Bibliotheken dem Bücherstaub anheim gegeben. Warum ziehen wir keinen praktischen Nutzen aus dem Ideenkapital philosophischer Erkenntnisse?“[9]

Ein Grund dafür besteht darin, dass zum einen diese Art von Möglichkeiten des „Ideen-Transfers“ nicht aktiv in den Schulen und nur ansatzweise in Management-Akademien bzw. Instituten gelehrt wird. Zum anderen werden Philosophien gerne als Luxus des Denkens abgetan; höchstens als ein philosophisches Zitat, das für ein Referat genutzt wird, um einen entsprechenden Effekt zu erzielen. Dabei kann man gerade philosophische Erkenntnisse in der Praxis anwenden. Ich spreche daher gerne von „praktischer Philosophie“, was für viele zunächst als Anachronismus erscheinen mag, sich aber bei genauerer Betrachtung umkehrt. So schreibt der zuvor zitierte Autor zu Recht:

„Die philosophischen Lehren sind voller praktischer Anleitungen. Sie können uns auch heute ungemindert bei der Bewältigung praktischer Aufgaben im Beruf und im Privatleben helfen. Sie sind reich an grundlegenden Leitbildern, methodischen Anregungen und hilfreichen Verhaltensempfehlungen.“[10]

- Denn unser Handeln ist immer geprägt durch unsere Einstellungen, Werthaltung bzw. Eigenschaften, ob bewusst oder unbewusst. Dies drückt sich gerade in der Führung – sich und andere – aus.

Das bedeutet im Umkehrschluss:

- Es ist wichtig für einen selbst zu wissen, nach welchen Prinzipien man sein Denken und Handeln ausrichtet.

Nur so ist es für einen selbst möglich, gezielt mittels Reflexion darauf (Denken und Handeln) den gewünschten Einfluss zu nehmen.

Praktische Grundlagen

Ausgehend von der Tatsache, dass sich die im Unternehmen bestehenden Hierarchieebenen zunehmend verringern und damit ein wesentlicher Eckstein für den Führungsanspruch der Vorgesetzten wegfällt, entsteht für viele ein Vakuum, und zwar dahingehend, dass sie sich in ihrem angestammten Rollenverständnis – hier: Vorgesetzter, dort: Ausführender – nur bedingt oder zum Teil auch gar nicht zurechtfinden. Das bedeutet, es kommt oft zu einem Identitätsverlust, den sie als Führungskraft/Vorgesetzter überdenken und gegebenenfalls neu definieren müssen. Doch worin liegt dies begründet?

Eine Ursache liegt selbstverständlich darin, dass der Entscheidungs- und Leistungsdruck ständig zunehmen, bedingt vor allem durch die enorm wachsenden Beschleunigungsprozesse. Nicht umsonst wird immer öfter die Frage gestellt, „wo die eigene Grenze der Belastbarkeit liegt" und „wie sie rechtzeitig erkennbar ist". Ein effektives Zeitmanagement ist da in der Regel zwar hilfreich, aber häufig nicht ausreichend. Zumal oft darunter der falsche, weil ausschließliche, Rückschluss gezogen wird, in noch kürzeren Zeitabschnitten als bisher noch mehr an Aufgaben zu bewältigen.

Eine zweite Antwort besteht in folgender Wechselbeziehung:

- Führungs- und Entscheidungsverhalten werden vor allem durch die eigene Persönlichkeit geprägt und immer weniger, wie schon erwähnt, durch hierarchiebezogene Verhaltensweisen abgesichert – einerseits – und
- der sich immer mehr abzeichnenden Entwicklung einer häufig wechselnden Rolle einer Führungskraft – andererseits.

Das heißt, durch die verschiedenartigen parallelen Rollen/Funktionen, wie zum Beispiel als Vorgesetzter eines Bereiches, Projektleiter eines neu entstehenden Produktes, Team-Mitglied eines Experten-Kreises und Mitarbeiter in einer Projektgruppe, nimmt die Führungskraft verschiedene Rollen wahr, die auch mit verschiedenen Identitäten versehen sind. Dies im Wechselspiel, in der Regel täglich und in Verbindung mit immer kürzeren Taktzeiten, verursacht oft eine Überforderung, was häufig in innerer Resignation endet.

Denn die zahlreichen praktischen Erfahrungen zeigen, dass Führungskräfte zunehmend nicht in Übereinstimmung mit ihrer Aufgabe leben. Doch wer sich mit seiner Aufgabe nicht identifiziert, wird zweierlei erreichen: zum einen sein Engagement von vornherein nicht voll einbringen und zum anderen dies auf die Gruppe/den Bereich, die/den er führt, automatisch übertragen.

Nun wird man einwenden können, das sei nichts Neues. Das soll es auch nicht sein. Vielmehr geht es darum, bei diesem Schritt der eigenen Erfahrung nicht stehen zu bleiben, sondern diese daraus gewonnenen Erkenntnisse für sich selbst konsequent in sein Denken und Handeln zu übertragen. Das bedeutet aber auch, sich dafür Zeit zu nehmen, und nicht auf Wiedervorlage für einen unbestimmten Zeitpunkt zu legen. Doch die (Zeit) fehlt angeblich so oft. Dabei ist es primär eine Frage der selbst gesetzten Prioritäten, zumal man bekanntlich jede Minute nur einmal vergeben kann.

Denn eigentlich wird die Erforderlichkeit eines solchen Vorgehens, wenn Führungskräfte diese Thematik ansprechen, bejaht, aber innerlich oft abgelehnt. Der Grund liegt häufig darin, dass man **nicht den eigenen Nutzen** erkennen kann, der daraus für einen entsteht. Und genau hier liegt die angestrebte Verbindung, von der zuvor die Rede war:

- Die Ökonomie braucht Innovationen, und der Mensch braucht Reflexionen und Kreativität zur Weiterentwicklung.
- Denn jeder Mensch strebt nach innerer Identität, um damit eine Balance für sich herzustellen. Doch diese entwickelt sich im Zeitablauf und bedarf hin und wieder der eigenen Reflexion.

Und damit schließt sich der Kreis in Richtung: Praktische Hilfe mittels Aneignung philosophischer Richtungen.

Doch um Missverständnissen auch an dieser Stelle vorzubeugen: Es geht bei meinen Empfehlungen nicht darum, einzelne Philosophien, womöglich noch im Urtext, in ihrer Ausführlichkeit zu lesen. Oft genügt es, sich anhand von Sekundär-Literatur damit vertraut zu machen. Denn diese erleichtert den schnellen Zugang zu eigenen Erkenntnissen.

Nicht von ungefähr stellt Mihaly Csikszentmihalyi in seinen Büchern das Denken an vorderste Stelle, um anhand seines Flow-Konzeptes aufzuzeigen, dass gerade Philosophien geeignete Werkzeuge zum Ordnen von Gedanken und kreativen Einfällen darstellen.

Um die Notwendigkeit des Denkens im besonderen Maße zu unterstreichen, sei an dieser Stelle Alfred Herrhausen zitiert, der einmal sagte: „Die meiste Zeit geht dadurch verloren, dass man nicht zu Ende denkt."

Philosophien für die Praxis

Eines der Ziele dieses Buches ist es, wie schon zu Anfang hervorgehoben, den Leser dabei zu unterstützen, sein eigenes Führungsverständnis, also auch seine Rolle dabei, selbst aktiv zu gestalten. Das setzt voraus, dass er sich über seine Wahrnehmungen bzw. Einstellungen gegenüber sich und anderen Klarheit verschafft.

Und genau hierbei können Philosophien, das heißt vor allem die daraus gewonnenen Erkenntnisse, jedem eine praktische Hilfestellung geben.

Wenn man den „Ganzheitlichen Ansatz" von Aristoteles (384/3 – 324) mit der „Kunst des systematischen Ordnens" von Schopenhauer (1785 – 1860) verbindet, kommt man dabei zu folgenden generellen Prinzipien, die beispielsweise hinter jeder Projektaufgabe stehen:

- Methodik der formalen Strukturierung
- Systematik der inhaltlichen Gliederung
- Genaue Erfassung der Realität
- Geschicklichkeit der anschaulichen Darstellung
- Eigenes Handeln im (Gesamt-)Wirkungszusammenhang reflektieren

um nur einige der wichtigsten Prinzipien zu nennen.

Das zweite Beispiel bezieht sich auf die Lehre der Stoiker, vertreten unter anderem durch Seneca (4 v. Chr. – 65 n. Chr.) und Kaiser Marc Aurel (121 – 180), die im Mittelpunkt ihrer Philosophie die „Lebensbewältigung“ sehen. Aus ihrer Lehre kann ableitend generell gesagt werden, dass sie aus zwei Eckpfeilern besteht:

- Zielkonzentration und
- Gelassenheit.

Überträgt man die daraus abgeleiteten Lehren auf mögliche Führungsgrundsätze, so können dafür, stellvertretend für eine Vielzahl, beispielsweise folgende genannt werden:

- Konzentration auf das Gestaltbare, um somit das Vorhersehbare planvoll einzubeziehen und dabei den Zufall entscheidend zu reduzieren
- (Stoische) Gelassenheit gewinnen, mittels Unterscheidung von dem, was in eigener Macht steht, und dies zu akzeptieren, was nicht in eigener Macht liegt
- Offen sein für die Ideen anderer, um somit seine Erkenntnis-Möglichkeiten zu erhöhen
- Positives Klima des Vertrauens herstellen, unter anderem um eine längerfristige Wirkung erzielen zu können

- Selbständig im Urteil zu werden, das heißt beispielsweise, nicht leichtgläubig jeden Modetrend hinsichtlich Management-Methoden zu übernehmen

Somit ist im Ansatz klar erkennbar, wie anwendungsorientiert Erkenntnisse philosophischer Richtungen sein können, um für sein eigenes Führungsverständnis bzw. Führungsverhalten Orientierungshilfen zu erhalten.

Denn bekanntlich leiden wir nicht unter einem Informationsmangel, sondern ganz im Gegenteil unter zu vielen ungefilterten Informationen und unter einem Erkenntnisdefizit, das sich nicht zuletzt in einem fehlenden Erkennen von Gesamtzusammenhängen ausdrückt. Denn häufig wird ein aktuelles Zustands-Problem gelöst, ohne dabei auf die sich daraus ergebenden Auswirkungen zu achten bzw. diese im Vorfeld mit zu berücksichtigen.

Ein weiterer sehr wichtiger Aspekt drückt sich in unserem Führungs-Denken bzw. -Handeln aus, wenn es um die Frage geht, nach welchen ethischen Grundsätzen sich dabei der Einzelne ausrichtet. Nicht von ungefähr nimmt dieses Kriterium um die Themen „Effizienz in der Wirtschaft“ oder „Corporate Governance“ einen merklich breiteren Raum als früher ein. Stellvertretend dafür kann der Themenbereich „Wirtschafts-Ethik“ genannt werden, der letztlich exakt auf die Ansätze aus philosophischen Richtungen zurückgeführt werden kann.

Fazit: Wenn also Führen als ein verantwortungsvolles Planen und Handeln im Sinne der zuvor beschriebenen Dimensionen als ganzheitlicher Prozess verstanden werden kann, dann unterstützen philosophische Erkenntnisse gerade in besonderem Maße die eigene, erforderliche Reflexion.

Gleichzeitig leisten sie eine wesentliche Hilfestellung beim Verlassen eingefahrener Denk- und Handlungsmuster, was in der gegenwärtigen Zeit der immer kürzeren Arbeitstakte von entscheidender Bedeutung für eine Führungskraft ist. Denn nicht umsonst wird oft die These bzw. Erfahrung vertreten: „Wir haben kein Informations-Defizit“, sondern zunehmend ein Erkenntnis-Defizit.

Und damit schließt sich der Kreis zum Anfang des Kapitels zitierten Ausspruch von Alfred Herrhausen: „Die meiste Zeit geht dadurch verloren, dass man nicht zu Ende denkt".

Womit wir beim Thema Führungs-Dilemma angekommen sind, auf das im folgenden Kapitel näher eingegangen wird.

Zwei Hinweise bzw. Empfehlungen an dieser Stelle:

- In den Kapiteln 5 und 7 wird zu oben genannten Prinzipien beispielhaft auf konkrete Führungssituationen eingegangen.
- Weiterführende Literatur-Empfehlungen zum Themenbereich Philosophie sind im Anhang mit aufgeführt.

Führungs-Dilemma – Schicksal oder Chance

Generelle Einschätzung

Ich möchte vorausschicken, dass es mir unter der Überschrift „Führungs-Dilemma“ nicht darum geht, alle möglichen Fehlleistungen im Bereich Führung zu schildern. Denn dies würde zum einen dem Motto dieses Buches „Auf den Punkt gebracht“ widersprechen, und zum anderen auch nicht meiner persönlichen Einstellung entsprechen. Für mich gilt, Lösungen zu entwickeln anstatt sich über bestehende Probleme über Gebühr auszulassen. Vielmehr geht es darum:

- die wesentlichen Ansatzpunkte für diese immer stärker werdende Entwicklung einer nicht erfolgreichen Führungsleistung in Organisationen zu erkennen, um diese
- in ihrer Wirkung gezielt umkehren zu können und dies auch unterlegt anhand praktischer Lösungswege/Lösungsmöglichkeiten.

Doch wie konkret und inhaltlich differenziert drückt sich das „Führungs-Dilemma“ aus?

Zunächst hierzu eine kurze begriffliche Erläuterung, was unter „Dilemma“ im Allgemeinen und speziell unter „Führungs-Dilemma“ verstanden werden kann.

Von einem Dilemma kann dann gesprochen werden, wenn es sich um eine Situation handelt, „in der man gezwungen ist, sich zwischen zwei gleichermaßen unangenehmen Dingen zu entscheiden“, so der Duden. Häufig spricht man dann auch stellvertretend von einer Misere. Und dass es sich bei der zu Anfang des Buches zitierten Gallup-Studie um sehr negative Ergebnisse handelt, steht außer Frage.

Von einem Führungs-Dilemma muss allein schon deshalb gesprochen werden, weil sich die Führungs-Fehlleistungen in den letzten Jahren relativ stark erhöhten. Denn dies erfolgte trotz steigender Ausgaben hinsichtlich interner sowie externer Trainingsmaßnahmen und einer ständig steigenden Information bezüglich der Erforderlichkeit erfolgreicher Führung.

Die dabei ermittelbaren Kernpunkte des Führungs-Dilemmas sollen in zwei Schritten dargelegt werden. Zum einen werden einige zentrale Aussagen der Gallup-Studie kurz angesprochen, nicht zuletzt vor dem Hintergrund, dass die vorliegenden Ergebnisse über einen hohen Repräsentationsgrad und langjährige Zeitreihen verfügen, sowie aufgrund der angewandten Methodik. Zum anderen werden relevante Erkenntnisse aus Marktstudien, an denen unter anderem auch der Autor teilgenommen bzw. diese selbst durchgeführt hat, zusammenfassend dargelegt.

Ergänzt werden die Aussagen durch eine Studie „Gesundheit am Arbeitsplatz“, die vor einigen Jahren seitens des Wissenschaftlichen Instituts der AOK (WIdO) durchgeführt wurde. Denn so der Mediziner Joachim Bauer, der in seinem Buch „Das Gedächtnis des Körpers“ unter Bezugnahme auf diese Studie feststellt:

Wie neuere große arbeitsmedizinische Studien zeigen, sind „soft facts“, das heißt Arbeitsbedingungen, die mit Beziehungsgestaltung und mit der Regulation von Stressfaktoren zu tun haben, zur mittlerweile führenden Erkrankungsursache geworden. Überall dort, wo zwischenmenschliche Beziehungen quantitativ und qualitativ abnehmen, nehmen Gesundheitsstörungen zu.[11]

Für alle Ansatzpunkte gilt, dass es jeweils auf die Richtung und vor allem auf die einzelnen Wirkungszusammenhänge der ermittelten Resultate ankommt.

Gallup-Studie

Die Gallup-Studie zeigt ein eindeutiges Bild wie es um die Führungssituation in der deutschen Wirtschaft bestellt ist. Deshalb vier Aussagen daraus als Beispiel:

- Das Verhältnis von engagierten zu unengagierten sowie aktiv unengagierten Mitarbeitern beträgt: 12 % zu 70 % zu 18 % (Stand: 2003). Das bedeutet unter anderem, dass der Anteil der „desinteressierten“ Mitarbeiter im Durchschnitt um die Hälfte höher liegt als der Anteil besonders engagierter Mitarbeiter.
- Als wichtigster Grund für dieses Missverhältnis wird mangelnde Führungsleistung gesehen. So weist zum Beispiel das entsprechende Verhältnis in den USA oder in Großbritannien einen weitaus höheren Anteil an engagierten Mitarbeitern aus.
- Es besteht eine direkte Korrelation zwischen der Produktivitätsentwicklung und dem jeweiligen Führungserfolg, gemessen zum Beispiel an den vergleichbaren Fehlzeitenrelationen.
- Die Tendenz der „aktiv unengagierten Mitarbeiter“ ist in den letzten Jahren steigend. Dies ist ein Trend, der zwar stets unterschiedliche Ursachen auch außerhalb eines Unternehmens hat, der aber umso mehr die erforderlichen Anstrengungen in Richtung adäquater Führung, sprich erfolgreiche, unterstreicht. Gerade vor dem Hintergrund der damit einhergehenden Produktivitätsbeeinflussung.

Ein Ergebnis daraus lautet: Führung in seiner Ausprägung ist hinsichtlich betriebswirtschaftlicher und sozialer Faktoren sehr wohl messbar. Das heißt, es sind Wirkungszusammenhänge zwischen Führungs-Indikatoren und Leistungserstellungs-Kriterien, wie zum Beispiel Qualitätsmängel oder Fehlzeiten in ihrer Bedeutung für das Betriebsergebnis quantitativ und qualitativ bewertbar. Damit können so genannte „Verlustbringer“ gezielt im positiven Sinne beeinflusst werden. Gemäß der Studie können sich derartige negative Faktoren wie folgt bemerkbar machen:

- Fehlende oder unklare Ziele in der Aufgabenstellung
- Die Aufgabe des Mitarbeiters entspricht häufig nicht seinem Leistungsvermögen
- Desinteresse des Vorgesetzten am Mitarbeiter und an seinen persönlichen Interessen
- Die Meinung des Mitarbeiters wird zwar erfragt, ist aber sehr oft nicht von wirklichem Interesse
- Personalentwicklung wird häufig nicht als wichtiger Bestandteil der Führungsaufgabe angesehen, sondern eher als Aufgabe einer Personalabteilung

Diese Art von Aussagen wurde auch mehrfach in eigenen durchgeführten Befragungen festgestellt und wird im folgenden Abschnitt weiter konkretisiert.

Richtet man den Blick von der innerbetrieblichen Produktion auf die Kundenseite, so wird seit langem die fehlende Servicequalität bzw. Service-Orientierung in Deutschland konstatiert.

Doch dies kommt nicht von ungefähr.

Zwei wesentliche Aspekte hierfür sind von ausschlaggebender Bedeutung. Zum einen handelt es sich um die generelle Einstellung bzw. Bereitschaft jedes Einzelnen, „anderen dienen zu wollen – und darin einen wesentlichen Sinn der eigenen Arbeit zu sehen".

Zum anderen muss auch hier wiederum festgestellt werden, dass der hohe Grad an mangelnder Zufriedenheit der Mitarbeiter sich direkt in einer Kundenbeziehung negativ niederschlagen kann.

So zeigt sich immer wieder, dass dort, wo Servicequalität als eine wesentliche Aufgabe der Führungskräfte definiert und sanktioniert, selbstverständlich auch entsprechend honoriert wird, sich ganze Bereiche von Unternehmen bzw. Institutionen von Grund auf verändern.

Doch dies ist nicht mit Einmal-Veranstaltungen pro Jahr zu erreichen. Sondern dies bedarf entsprechender Maßnahmen, selbstverständlich auch Schulungen, aber dann bitte am Arbeitsplatz bzw. arbeitsplatznah und nicht fernab des Alltagsgeschäftes. Mit anderen Worten: Wenn diese Aufgabe seitens der Führungskraft als Selbstverständlichkeit in der täglichen Mitarbeiter-Führung angesehen wird, können die Kunden- und damit Marktpotenziale im Sinne des Unternehmens gehoben werden.

Fazit: Das, was häufig als Zuschussgeschäft in Richtung Mitarbeiterentwicklung durch adäquate Führung angesehen wird, ist bei genauer Betrachtung und konsequenter (betrieblicher) Anwendung sehr wohl ein lohnendes Geschäft. Solange jedoch das Wort eines früheren Unternehmens-Leiters Bestand (auch in abgeschwächter Form) hat, und zwar: „Mitarbeiter sind Kosten auf zwei Beinen", werden die sich zuvor in der Gallup-Studie ermittelten Erkenntnisse nicht verbessern.

Durchgeführte Management-Studien

Zwei Erfahrungen konnte ich frühzeitig in meinem Berufsleben machen, die sich immer wieder eingestellt haben, und die ich deshalb gerne an den Anfang dieses Abschnitts stellen möchte: Einer meiner Mentoren sagte des Öfteren, er habe gelernt: Starke Vorgesetzte suchen gute Mitarbeiter – schwache Vorgesetzte suchen mittelmäßige Mitarbeiter.

Was zwar auf den ersten Blick als verständlich und vielleicht auch banal erscheint und bestimmt auch bekannt ist, bedeutet aber bei näherer Betrachtung oft eine vermeidbare interne Ressourcenvergeudung. Ein konkretes Beispiel hierzu in Kurzform:

Der Auftrag für einen Projektleiter lautet: Implementierung eines neuen Produktes, wozu ihm ein Team von sechs Mitgliedern zur Verfügung gestellt wurde, und zwar für einen Zeitraum von acht Monaten. Als erstmalig eine genauere Zwischenbilanz nach vier Monaten gezogen wurde, stellte sich unter anderem folgendes Ergebnis heraus:

- Es bestand noch kein gültiges Konzept zur Produktgestaltung bzw. Markteinführung.
- Es wurden etwa 20 Projektteam-Sitzungen zum Teil ohne Agenda abgehalten, oft mit dem doppelten Zeitrahmen als vorgesehen.
- Die Team-Mitglieder kannten zum Teil nur vage die relevanten Projektziele bzw. ihre jeweiligen Aufgabenstellungen.
- Arbeitsprotokolle wurden kaum oder verspätet erstellt.
- Ein erforderliches Reporting wurde nur ansatzweise vorgenommen; dementsprechend fand auch kaum eine Kontrolle statt.

Ohne darauf jetzt noch weiter einzugehen, bleibt im Ergebnis festzuhalten: Der Projektleiter wurde ausgetauscht, nachdem man nach langem Zögern festgestellt hat, dass die damalige Entscheidung, den Betreffenden zum Projektleiter zu machen, auf Empfehlung eines Mitgliedes aus dem Nachbar-Ressort stammt, der unbedingt für den seinerseits beauftragten Projektleiter eine gute Verwendung außerhalb seines Bereiches suchte. Dies erfolgte vor dem Hintergrund, ihm nochmals eine Chance zu geben. Eine durchaus nachvollziehbare, bzw. bekannte Situation bzw. Entscheidung, aber fatal in ihren Auswirkungen für das betreffende Unternehmen.

Und die andere Erfahrung stammt von einem ausgewiesenen Experten im Executive Search: „Wenn ich Kandidaten in die engere Wahl ziehe, schaue ich mir auch besonders die jeweiligen Vorgesetzten an.

Doch zunächst zwei Erkenntnisse, die im Rahmen von Management-Studien immer wieder belegt wurden:

- Es wird zu wenig Zeit auf das Erkennen von Führungsbefähigung/Eignung gelegt und für das Erlernen notwendigerweise noch zu erwerbender Führungs-Kompetenz.

Deshalb möchte ich auf ein Praxisbeispiel aus einem Unternehmen Bezug nehmen, das auch den zuvor in der Gallup-Studie erwähnten (generellen) Zusammenhang von Führungsleistung einerseits und Produktivitätsentwicklung andererseits in anschaulicher Weise unterlegen kann.

Gemeinsam mit den Verantwortlichen und Beteiligten eines Unternehmens wurden ausgewählte Führungs-Indikatoren und betriebswirtschaftliche Daten erhoben und ausgewertet. Es blieb jedoch nicht nur beim Erkennen von Problemfeldern bzw. sich bestätigt fühlen, „was man schon immer ahnte", sondern in diesem Betrieb wurden generelle Maßnahmen ergriffen mit der Folge einer merklichen Verbesserung vor allem in folgenden Bereichen:

- Reduzierung der Fehlzeitentage (krankheitsbedingt) von über 40 %
- Reduzierung der Qualitätsmängel von 2,5 % auf 0,9 % der erstellten Produkte
- Abbau der durch hohe Fehlzeiten induzierten Mehrarbeit von über 30 %
- Verbesserte Mitarbeiterzufriedenheit
- Steigerung des Engagements der Mitarbeiter auch in Richtung verbesserte Betriebsabläufe bzw. betriebliche Neuerungen

Was war diesem Ergebnis vorausgegangen?

Anhand der erhobenen betrieblichen Daten und miteinander vergleichbaren Daten externer Art wurde entschieden:

- Die für eine adäquate Personalführung erforderlichen Instrumente bzw. Methoden wurden betriebsspezifisch entwickelt und auch eingesetzt, und
- ein offenes Klima von Objektivierung, zum Beispiel mittels Arbeitsplatzstudien, wurde von Anfang an angestrebt.

Konkret wurden unter anderem folgende Maßnahmen in Richtung verbesserte Mitarbeiter-Führung beschlossen, da man erkannt hat, dass in diesem Fall der wesentliche Hebel zu einer erforderlichen Produktivitätssteigerung in der Rolle der einzelnen Führungskräfte liegt. Hierzu einige Beispiele im Überblick:

- Einführung von regelmäßigen Mitarbeiter-Gesprächen mit Leitfaden
- Schaffung eines einheitlichen Beurteilungswesens
- Führungsaufgaben von Vorgesetzten werden von vornherein festgelegt und bei Bedarf unterstützt, zum Beispiel in der Gesprächsführung oder bei Konfliktlösungen
- Durchführung individueller Teamentwicklungsmaßnahmen mit vereinbarten Standards
- Personalentwicklung als Führungsaufgabe wird jährlich neu festgelegt

Nun wird man bestimmt sagen, dass es sich um bekannte Themen handelt. Selbstverständlich kann es dazu nur heißen: In der Regel handelt es sich immer um Selbstverständlichkeiten, wenn es darum geht, bestimmte Anforderungen adäquater Führung festzulegen. Denn die stets erforderlichen Schritte in der Personalführung lauten generell: Auswahl/Einstellung – Qualifizierung – Beurteilung – Vergütung – Weiterentwicklung.

Und daran wird sich auch in absehbarer Zeit nichts ändern. Nur was sich allerdings gravierend ändern muss, ist die Tatsache, dass die große Kluft zwischen Anspruch und Wirklichkeit hinsichtlich der Personalarbeit im Unternehmen (im Allgemeinen) und der Führung von Mitarbeitern (im Speziellen) andererseits in entscheidender Weise geschlossen wird. Denn die sich ständig ändernden Rahmenbedingungen interner und externer Art werden so gravierend sein, dass neben dem Faktor Human Kapital die Führungsaufgaben von Vorgesetzten letztlich die mit entscheidende Komponente für ein erfolgreiches Bestehen am Markt sein werden.

Im Folgenden werden nun **10 Erfahrungswerte** dargelegt, die einen an sich oft positiv begonnenen Führungsprozess besonders negativ beeinflussen:

- Führung mit Zielvereinbarung gelingt nur selten; es mangelt oft an der Bereitschaft und mitunter auch an der Fähigkeit, Ziele zu operationalisieren.
- Zu häufig herrscht ein zu starkes mechanistisches Denken im Sinne von: „Hier ist die Order – dort ist die Ausführung“ vor, ohne dabei auf Veränderungen im Zeitablauf angemessen und vor allem rechtzeitig zu reagieren.
- Produktivitätssteigerungen durch entsprechende Motivation seitens der Führungskräfte werden trotz aller gegenteiliger Bekundungen nach wie vor in ihrer Hebelwirkung unterschätzt.
- Es herrscht zum Teil keine konstruktive im Sinne produktive Streitkultur vor; stattdessen dominiert eher „Stromlinienförmigkeit“ nach dem Motto „Nur nicht auffallen“.
- Mangelnde Vorbildfunktion an eigener Disziplin und konsequentem Handeln der Führungskräfte überträgt sich häufig überproportional auf die im Prozess Beteiligten.
- Personalentwicklung als wesentlicher Bestandteil der Personalführung wird seltenst aktiv betrieben und nur von wenigen beispielsweise als integraler Bestandteil der Zielvereinbarungswerte von Führungskräften, im Hinblick auf die eigenen Mitarbeiter, aufgenommen.
- Einfache Grundregeln der eigenen Arbeitsmethodik, wie zum Beispiel: Prioritäten setzen nach Erforderlichkeit und weniger nach „Meinungsschwankungen“, werden häufig außer Acht gelassen.
- Der Anteil an erforderlicher Kommunikation beschränkt sich oft auf Kurz-Mitteilungen mit Rundschreiben-Charakter, dabei erfolgt sie primär auf emotionale Weise.
- Oft wird Teamfähigkeit gefordert – ohne sie inhaltlich zu beschreiben bzw. überprüfbar für die Beteiligten zu verifizieren.
- Selten wird wahrgenommen, dass jede neue Führungsaufgabe ein Hinterfragen des eigenen bisherigen Rollenverständnisses erforderlich macht, insbesondere dann, wenn es sich um veränderte Rahmenbedingungen handelt.

Diese zehn generellen Hinderungsgründe für ein erfolgreiches Führen sind naturgemäß in unterschiedlichster Kombination und Intensität festgestellt worden. Wichtig aber ist dabei, dass keiner der genannten Punkte für „nicht zutreffend/unwichtig" von den hierzu Befragten[12] gehalten wurde.

Die bisherige Blickrichtung vom Vorgesetzten in Richtung Mitarbeiter muss natürlich auch in umgekehrter Richtung erfolgen, sonst würde zur Einschätzung von Führungsproblematiken ein wesentlicher Aspekt fehlen.

Somit muss an dieser Stelle auch auf das **Engagement und die Bereitschaft seitens der Mitarbeiter**, sich in ihre Aufgabenstellung produktiv einzubringen, näher eingegangen werden; gerade in Zeiten starken Wandels.

Denn was das Führen von Mitarbeitern für Vorgesetzte in gravierender Weise erschwert, sind oft mehrere Faktoren, die häufig in der Bewertung von Führungsleistung, gerade bei Markt-Untersuchungen, oft nur zum Teil gestreift werden. Und zwar die Tatsache, dass die Führungsproblematik nicht nur aus der Richtung des Vorgesetzten bewertet werden darf, sondern in gleicher Weise auch aus der Richtung des (geführten) Mitarbeiters. Dabei haben sich immer wieder folgende Problembereiche herauskristallisiert:

- Zunehmend sinkt die Bereitschaft von Mitarbeitern zu Veränderungen, gerade wenn es darum geht, sich in kurzer Zeit auf Neuerungen einzustellen.
- Wachsendes Missverhältnis zwischen eingeforderten Rechten und Erfüllen von Selbstverständlichkeiten im Sinne betrieblicher Erfordernisse.
- Häufig wird Verantwortung reklamiert, zum Beispiel in Form von größeren Entscheidungsspielräumen, aber bei ersten (kleinen) Schwierigkeiten schnell rückdelegiert.
- Weitaus mehr problem- als lösungsorientiert ausgerichtet, zumal es stets leichter ist, mögliche Hemmnisse zu nennen, als praktische Lösungsansätze zu entwickeln.

- Sinkendes Verantwortungsbewusstsein, vor allem für das unmittelbare Umfeld.
- Ausgeprägte Konsumentenhaltung nach dem Motto: „Er ist ja der Vorgesetzte“ bei sinkendem Eigenengagement.

Diese Hemmnis-Faktoren in positive Richtung zu bringen, führt im Ergebnis häufig dazu, dass Führungskräfte in der Personalführung ihren schwersten Part im Verhältnis zu ihren anderen Management-Aufgaben sehen. Das muss nicht so bleiben, im Gegenteil. Vor allem dann nicht, wenn die immer mehr um sich greifende Realitätsverweigerung nicht betrieben wird.

Denn folgender Trend ist seit langem feststellbar:

Wir sind immer weniger bereit, Probleme offen anzugehen, ja sogar anderen gegenüber auszusprechen. Damit ist in keinster Weise der Keulenschlag im Sinne von Argumentations-Hilfe gemeint. Es wird stattdessen lieber der Schein gewahrt im Sinne von „an sich nicht so problematisch“.

Doch was bedeutet dies konkret?

Zum einen entwickeln wir geradezu weltmeisterlich Werte im Hinblick auf „Konsens herstellen/auf alle Fälle bewahren“, zum anderen verpassen wir oft den Zeitpunkt, die realistische Leistungseinschätzung seitens des Vorgesetzten gegenüber dem Mitarbeiter so zum Ausdruck zu bringen, dass im (positiven Sinne) noch eine Verbesserung/Veränderung möglich ist. Das setzt allerdings von beiden Seiten eine gewisse Dialogfähigkeit, gerade in schwierigen Zeiten, und auch Dialog-Bereitschaft voraus.

Dass dies jedoch häufig nicht zum besten bestellt ist, zeigt eine zuvor schon angesprochene, auf breiter Basis in der Wissenschaft durchgeführte Arbeitsplatzstudie, auf die sich der Mediziner Joachim Bauer im Rahmen seiner Studien (unter anderem Neurobiologie) stützt. Danach hat er in anschaulicher Weise belegen können, dass, um auf die Problematik (Mitarbeiter/Vorgesetzter) Bezug zu nehmen, eine „nicht offene Kommunikation als Gefahr registriert wird, was sich sofort belastend im Arbeitsprozess niederschlägt.“

So fasst Joachim Bauer eine seiner generellen Erkenntnisse wie folgt zusammen: *„Wie sich in einigen umfangreichen Untersuchungen, unter anderem in einer groß angelegten Studie der AOK aus dem Jahre 2000, zeigte, sind zwischenmenschliche und organisatorische Faktoren heute zum Krankheitsfaktor Nr. 1 ‚aufgestiegen', während die früher führenden Krankheitsursachen (Arbeitsstoffe, Geräte, Lärm etc.) heute nur noch eine untergeordnete Rolle spielen.“*[13]. Seine Schlussfolgerung bezüglich der Arbeitsmedizin lautet dann: *„Leider hat die Arbeitsmedizin diesen Wechsel in weiten Bereichen noch nicht nachvollzogen.“*[14]

Ähnliche Schlussfolgerungen kann man auch, was die Anforderungen an Führungskräfte betrifft, ziehen. Denn oft wird mangelnde personale und soziale Intelligenz mit dem Hinweis „nivelliert“: „aber er ist ein überaus guter Fachmann“. Und dass sich dies dann in doppelter Hinsicht als unproduktiv erweist, zeigen die oben zitierten Ergebnisse hinsichtlich Arbeitszufriedenheit, Motivation, Information etc. in hohem Maße.

Wenn also solche Erkenntnisse vorliegen und demgemäß Lösungswege gezielt beschritten werden, dann kann sehr wohl die zuvor beschriebene Führungsproblematik umgekehrt werden. Und zwar mit positiven Zeichen hinsichtlich Arbeitsproduktivität und Mitarbeiterzufriedenheit, was in einigen Beispielen zuvor schon aufgezeigt wurde.

Führung – sich und andere

Ausgehend von der eingangs vorgenommenen Spezifizierung der Themenstellung hinsichtlich der Führungsdimensionen „Führung sich und andere“ ist es erforderlich, gerade bei der Fragestellung:

- „Was sind die Ursachen für den enormen Anstieg der Führungsprobleme“?

auch auf diese Differenzierung in „eigene und fremde Führung“ an dieser Stelle näher einzugehen.

Eine der gravierendsten Ursachen hierfür liegt in der Tatsache begründet, dass bei der Auswahl von Mitarbeitern, die mit Personalverantwortung zum ersten Mal oder in umfangreichem Maße betraut werden sollen, sehr oft entscheidende Fehler gemacht werden. Insbesondere, wenn nach erfolgreicher Tätigkeit als Spezialist ein Funktionswechsel mit Personalverantwortung erfolgt. Dies gilt natürlich auch für den praktischen Fall, wenn ein(e) andere(r) Fachfrau/Fachmann eine Projektleitung übernehmen soll.

Denn gemäß der 3. Arbeits-Hypothese: „Nur wer sich selbst führen kann, kann auch andere führen“, wird oft der Trugschluss gezogen, dass dies als Automatismus auch in umgekehrter Richtung funktioniert: Nach dem Motto: Als Spezialist beherrscht Herr Meyer-Mehring seine Aufgabenstellung, seine Arbeitsorganisation lässt keine Wünsche offen und er kennt das Unternehmen, „dann wird das auch weiterhin so klappen“. Kaum übernimmt Herr Meyer-Mehring eine neue Funktion, und zwar verbunden mit Personalführung, stellen sich erste Unregelmäßigkeiten in seiner Arbeitsorganisation ein. Kollegen gegenüber tritt er nicht mehr so kollegial auf und seine Mitarbeiter erhalten immer seltener klare Anweisungen.

Hinzu kommt dann oft noch die durchaus zutreffende Einschätzung, er müsse sich erst noch in sein neues Aufgabengebiet einarbeiten. „Geben wir ihm noch ein wenig Zeit“, ein oft abgegebener Kommentar, zumal man nicht gleich die „Zügel straffer ziehen will“, wie es dazu mitunter heißt.

Dieses einfache Beispiel zeigt drei im Ansatz entscheidende Komponenten auf:

- Es wurde nicht zu Beginn der neuen Tätigkeit die Frage geprüft, inwieweit Herr Meyer-Mehring über Führungskompetenz (bezogen auf seine neue Aufgabe) verfügt, bzw. welche Erfahrungen er bereits auf diesem Sektor gesammelt hat.

- Es wurden mit der Übertragung der neuen Aufgabe keine konkreten Anforderungen an Herrn Meyer-Mehring hinsichtlich der Personalführung spezifiziert, die ihm gleichzeitig als eine Unterstützung in der Anfangsphase dienen könnten.
- Außerdem wurde er nicht rechtzeitig bezüglich der sich abzeichnenden Probleme unterstützt. Stattdessen wurde – wie immer wieder beobachtet – auf „Zeit“ gesetzt. Doch dies verschlimmert in der Regel die Situation bzw. das Finden tragfähiger Lösungswege und bedeutet danach für das Unternehmen ein Mehr an „Zeit“ für Reparaturarbeiten, beispielsweise in Form einer Neubesetzung, und damit auch zusätzliche Kosten.

Nun wird man einwenden, dass solche Situationen nicht zu verhindern sind. Das soll auch nicht mit diesem Praxis-Beispiel und seinen daraus abgeleiteten Erfahrungswerten gesagt werden. Das heißt konkret, in den meisten Fällen ist ein solches Scheitern bei genauem Hinschauen voraussehbar. Hinzu kommt bei klarer Einschätzung die Möglichkeit, fehlendes Führungs-Know-how, soweit erlernbar, mittels konkreten Maßnahmen merklich auszugleichen. Wege hierfür gibt es in vielfältiger Art.

Wichtigster Ansatz ist in diesem Zusammenhang: eigene Erfahrungen sammeln zu können. Denn bekanntlich ist Erfahrung auch auf dem Gebiet der Führung durch nichts zu ersetzen, ergänzt durch die Notwendigkeit zusätzlichen Lernens, in den für die Führungsaufgabe relevanten Themenbereichen, wie zum Beispiel: Fragen der Personalführung, Optimierung der eigenen Arbeitsorganisation oder Steuerung von Projektaufgaben.

Zurück zum Praxisbeispiel: Häufig ist in solchen Situationen festzustellen, dass sich die betreffende Führungskraft, in unserem Beispiel Herr Meyer-Mehring, gegenüber seiner Umwelt immer mehr verschließt. Dies ist zwar verständlich, doch für alle Beteiligten kontraproduktiv und verschlimmert den gerade erst begonnenen Führungsprozess in seiner Effektivität.

Hinzu kommt oft noch der Effekt, dass sich in diesem Fall Herr Meyer-Mehring gar nicht im Klaren darüber war, was es für ihn bedeutete, konkret Führungsverantwortung zu übernehmen. Häufig wird dieser Teil der Aufgabenstellung, nämlich Übernahme von Personalverantwortung, nur generell zum Ausdruck gebracht und nicht in wesentlichen Punkten spezifiziert, wie zum Beispiel:

- Regelmäßiges Führen von Mitarbeiter-Gesprächen
- Kommunikation mit dem Team/Gruppe/Bereich
- Informationsweitergabe in „regelmäßigen" Zeitabständen
- Aufgaben-Profile für seine neuen Mitarbeiter mit konkreten Anforderungen ausfüllen
- Erstellen von Beurteilungen

Und dass dies (zusätzliche) Zeit erfordert, zumindest auch in zeitlich angemessenem Rahmen erfolgen soll, stellt für viele enorme Hürden dar.

Wie kann man aber nun der in ausgewählten Facetten beschriebenen Führungsproblematik aktiv begegnen?

Da bekanntlich viele, früher alle, Wege nach Rom führen, gibt es auch hier die verschiedensten Möglichkeiten, darauf zu reagieren.

Ein Weg, der zwar oft beschritten wird, aber selten zum Erfolg führt, lautet: Das nächste Mal wird es bestimmt wieder besser – Prinzip „Hoffnung an der Haltestelle", irgendwann wird bestimmt ein Zug vorbeikommen, welches Ziel er auch haben wird, man lässt sich überraschen.

Ein anderer Weg, der zwar auch gegangen wird, aber nicht so oft wie der erste, lautet: „Augen zu und durch" – Prinzip „Hoffnung mit Aussitz-Charakter", es wird schon nicht so schlimm werden.

Von Zeit zu Zeit heißt es aber auch, dass – wie in obigem Beispiel genannt, Herr Meyer-Mehring einmal ein Seminar besuchen soll – Prinzip „Hoffnung auf bessere Zeiten", auch wenn das Seminar aus Zeitgründen erst im nächsten Jahr besucht werden kann.

Dass all diese Wege sehr unproduktiv sind, zum Teil mit enormen Kosten verbunden, steht außer Frage. Das bedeutet:

- Bei all den wirtschaftlichen Überlegungen wird das Thema Führung oft nicht mit dem richtigen Stellenwert in der Einstellung und den Handlungsweisen von Entscheidungsträgern versehen.

Meine Antwort auf die oben gestellte Frage: „Wie kann man aber nun der beschriebenen Führungsproblematik aktiv begegnen?" lautet wie folgt:

Ausgehend von der These:

- Führung ist immer geprägt durch die handelnde Führungskraft

kann der zu empfehlende Weg immer nur auf die jeweilige Aufgabenstellung bezogen adäquat beantwortet werden. Denn es gibt keinen Ideal-Weg, sprich Königsweg, den es zu beschreiten gälte, um erfolgreich führen zu können. Das heißt jedoch nicht, dass es keine generellen Prinzipien gibt, die ein erfolgreiches Führen und Handeln kennzeichnen. Nur sie sind in keinster Weise kopierbar, sondern immer in Verbindung mit den handelnden Menschen zu sehen. Jedoch lernen kann man sehr wohl von den Erfahrungen und Erkenntnissen anderer wie durch die selbst gemachten eigenen Erfahrungen.

Damit sind wir bei der zentralen Fragestellung: Auf welche Komponenten kommt es bei der Führung – sich und andere – an? Die Antwort hierzu wird in dem nun folgenden Kapitel in ausführlicherer Form gegeben.

Führung ▪ auf den Punkt gebracht

Mit diesem Kapitel möchte ich den Blick auf die generell wichtigsten Komponenten hinsichtlich „Führung – sich und andere" in ihrer Gesamtheit lenken.

Dabei stehen drei Fragestellungen im Vordergrund:

1. **Was sind die bestimmenden Kriterien, wonach Führungs-Kompetenz im weitesten Sinne eingeschätzt werden kann?**
2. **Welche Faktoren bestimmen im wesentlichen Führungsaufgaben?**
3. **Wie kann man für sich aus den Antworten zu 1. und 2. eine aktive Weiterentwicklung ableiten?**

Die Chronologie der Fragestellungen kann auch unter dem zeitlichen Aspekt gesehen werden: Vorher (Voraussetzungen) – Gegenwart (Führungsaufgaben als solche) – Nachher (Weiterentwicklungsmöglichkeiten).

Dabei sei noch einmal kurz an den roten Faden dieses Buches erinnert: Praktisch – einfach – kompetent. Dies bedeutet gerade für das vorliegende Kapitel, dass der praktische Nutzen, insbesondere die

- Möglichkeit eigener Transformation/Anwendung, sowie
- Transparenz und Ganzheitlichkeit

im Vordergrund stehen.

Vorausschicken möchte ich ebenso folgende Klarstellung: Ausgehend von der mehrfach angesprochenen Notwendigkeit, Komplexität zu reduzieren, um die ständig wachsenden Herausforderungen in der

Wirtschaft und in der Gesellschaft gleichermaßen bewältigen zu können, werden häufig zwei grundlegend verschiedene Richtungen unterschieden:

- **Zum einen heißt das für viele: Reduzieren auf ein oder zwei Aspekte, aus denen heraus dann alles erklärt wird.**

  Ein konkretes Beispiel hierzu: Vielfach werden gerade im Zusammenhang mit der Themenstellung „Erfolgreiche Führung" ein oder zwei Kriterien in den Vordergrund gestellt, die bei entsprechender Anwendung ein erfolgreiches Führen geradezu garantieren würden. Stichworte hierzu gibt es unzählige, zum Beispiel: Führen heißt vor allem Aufmerksamkeit; Vorbild Führung mit schnellem Erfolg; Jeder kann ein erfolgreich Führender sein, er muss nur wollen.

  Dabei soll von vorneherein der Eindruck erzeugt werden, bei entsprechender Anwendung stelle sich quasi der Erfolg von selbst ein. Was jedoch häufig zu noch größerer Verunsicherung bei den Betroffenen führt, wenn sie es denn ausprobieren.

- **Zum anderen wird darunter oft eine Simplifizierung der Themenstellungen bzw. Aufgabenstellung, in diesem Fall Führung, verstanden.**

  Stattdessen bedeutet Reduzierung der Komplexität zum Beispiel Denken in Metaphern, wie es seinerseits schon Niklas Luhmann vorgeschlagen hat, um sich dabei auf die wesentlichen Elemente, in diesem Fall die jeweils aktuellen Führungsaufgaben, zu konzentrieren.

Und genau dieser Weg soll nun auf den folgenden Seiten beschritten werden.

Führung bestimmende Komponenten

Um dem schwer fassbaren Phänomen Führung eine inhaltliche Ausrichtung zu geben, wird im Folgenden der Versuch unternommen, die aus der Praxis und in der Wissenschaft gewonnen Erfahrungen und Erkenntnisse zu verbinden.

Der hierzu entwickelte Modellansatz, der nachfolgend näher beschrieben wird, soll in erster Linie dazu dienen:

- den Blickwinkel über einzelne Phänomene der Führung hinaus in ganzheitlicher Weise zu schärfen, um damit
- einer einseitigen Überbetonung bzw. Ausschließlichkeits-Betrachtung, beispielsweise von Verantwortung, Vorbild-Funktion, Motivation, Zielvereinbarungen etc. vorzubeugen oder auch entgegenzuwirken.

Dem Autor ist sehr wohl bewusst, dass es sich dabei stets um eine Annäherung an die nie gänzlich aufzulösende Problematik „Führung" handelt. Um sie jedoch für den Einzelnen handhabbar und auch beeinflussbar zu machen, ist zunächst die Voraussetzung zu schaffen, Führung in seinen relevanten Dimensionen in einer überschaubaren und vor allem praktisch anwendbaren Dimensionierung zu beschreiben.

Hierbei stützte ich mich auf die Ergebnisse langjähriger Untersuchungen verschiedener wissenschaftlicher Richtungen und praktischer Untersuchungsergebnisse, wie sie zuvor schon zitiert wurden.

Bei der Bestimmung relevanter Faktoren, was Führung vor allem auszeichnet, kann man sich vor allem auf folgende Komponenten konzentrieren, nämlich:

- Fach-Know-how,
- personale und soziale Intelligenz und
- Arbeits-Organisation.

Was ist zunächst darunter zu verstehen und in welcher Beziehung stehen die Komponenten zueinander?

Wenn es darum geht, die Führungs-Kompetenz eines Vorgesetzten zu verifizieren, dann kann man sich relativ schnell darauf verständigen, dass er über ausreichendes **Fach-Know-how** verfügen muss. Auch wird ihm zugestanden, dass er, je höher er in der Hierarchie aufsteigt, nicht mehr alle Details seines Faches oder dann zuständigen Bereiches wissen bzw. können muss.

Da es sich hierbei um ein recht unstrittiges Feld handelt, möchte ich gleich auf die zweite Komponente kommen, die aus meiner Sicht in Zukunft einen weitaus entscheidenderen Anteil der erforderlichen Führungs-Kompetenz des Einzelnen ausmacht, als es dies bis dato für notwendig gehalten wurde.

Es handelt sich dabei um die **personale und soziale Intelligenz**. Kurz ausgedrückt, um die Fähigkeit:

- **sich unter anderem in die Einstellung und Denkweise anderer Menschen hineinversetzen zu können, häufig auch ausgedrückt mit dem Begriff Empathie,**
- **sich und andere motivieren zu können oder**
- **beispielsweise Aufgabenbereich zu delegieren beziehungsweise**
- **Vertrauen herstellen zu können.**

Hierbei stütze ich mich unter anderem auf die langjährigen Arbeiten von Howard Gardner (Harvard), der im Rahmen seiner Themenstellungen „Dem Denken auf der Spur“ und „Multiple Intelligenzen“ sehr eindrucksvoll nachweisen konnte, dass der Mensch nicht anhand einer einzigen (rechnerischen) Größe hinsichtlich seiner Intelligenz (IQ) gemessen werden kann, sondern er sich durch verschiedene Intelligenzen, wie zum Beispiel Sprache, Logik und Mathematik oder Musik auszeichnet.[15]

Und zu diesen multiplen Intelligenzen zählt auch die **personale und soziale Intelligenz**. Darunter kann man zusammenfassend vor allem folgende Kriterien, in Ergänzung zur zuvor ausgeführten Definition, verstehen:

- Selbstreflexion – die Fähigkeit, innere Stimmungen, Beweggründe oder seine bestimmenden Werthaltungen zu erkennen
- Selbstkontrolle – zu verstehen als die Beherrschung innerer Stimmungsschwankungen und damit deren Umlenken in aktives Handeln
- Motivation – innerer bzw. äußerer Antrieb/Hingabe mit entsprechender Ausdauer, zum Beispiel Ziele zu verfolgen
- Empathie – die Fähigkeit, sich in die Situation bzw. Gefühlswelt anderer hineinversetzen zu können
- Soziale Kompetenz – als die Fähigkeit anzusehen, vertrauensvolle zwischenmenschliche Beziehungen aufzubauen und weiterzuentwickeln

All diese Faktoren sind Ausdruck der personalen und sozialen Intelligenz eines jeden Menschen. Speziell für die zukünftige Arbeitswelt bedeutet dies, dass gerade die intrapersonale Intelligenz, so Howard Gardner, eine entscheidende Management-Komponente für Führungskräfte sein wird.

Er begründet dies insbesondere vor dem Hintergrund ständig wachsender Anforderungen/Komplexität und Informationsflut einerseits und des enorm zunehmenden Wandels in den Unternehmen und der damit einhergehenden Zunahme an Veränderungsgeschwindigkeiten andererseits.

Vergegenwärtigt man sich die aktuellen und zukünftigen Arbeitsbeziehungen beispielsweise in Form von:

- zeitlich befristeter Projektarbeit, unter Umständen an verschiedenen Arbeitsplätzen, auch lokaler Art,
- Zunahme an beratenden Berufen (Funktionen) und
- stärkerer Aufteilung in Büro- und Heimarbeitszeiten,

so ist schnell erkennbar, wie wichtig gerade diese Fähigkeit personaler und sozialer Intelligenz sein wird, wenn Führungskräfte ihre Mitarbeiter erfolgreich führen wollen.

Dies gilt umso mehr, je mehr in virtuellen Arbeitsgruppen „Führung auf Distanz" erforderlich ist. Denn die Internet-Kommunikation erfordert eine ganz andere Art des Sich-Mitteilens und des fehlenden Zuhörens, als dies in den bis dato bekannten Kommunikationsformen erforderlich war. Demzufolge ist gerade das Verständnis um eine adäquate Kommunikation, je nach Arbeitssituation, enorm wichtig, wenn es darum geht, auf der einen Seite die Selbständigkeit der Mitarbeiter zu erhöhen und auf der anderen Seite in Konfliktfällen den richtigen Weg zu finden.

Nicht von ungefähr vertritt Howard Gardner die These: *„Menschen mit ausgeprägter intrapersonaler Intelligenz sind in der Geschäftswelt als Mitarbeiter begehrt, denn sie sind in der Lage, auch unter rasch wechselnden Bedingungen von ihren Talenten optimalen Gebrauch zu machen, und sie wissen die eigenen Begabungen mit denen der Teamkollegen zu koordinieren. Menschen mit unzulänglicher Selbstwahrnehmung dagegen verhalten sich sowohl in persönlicher als auch beruflicher Hinsicht unproduktiv und sind für die Firmen eine Belastung".*[16]

So haben, seiner Aussage nach, Untersuchungen ergeben, dass empathische Manager bis zu 30 % erfolgreicher sind als andere. Denn, so Howard Gardner, Empathie ist für jegliche Art von Beziehungen wichtig, unabhängig davon, ob es sich um berufliche oder private handelt.

Doch warum ist gerade diese Komponente der personalen und sozialen Intelligenz in Zukunft von so ausschlaggebender Bedeutung?

In den verschiedensten Untersuchungen der letzten Jahre, in Praxis und Wissenschaft gleichermaßen, zeigt sich immer mehr der unmittelbare Zusammenhang zwischen Mitarbeiterzufriedenheit und Qualität der Arbeitsleistung in eindeutiger Weise.

Stellt man in diesem Zusammenhang die Frage: „Sehen Sie einen Zusammenhang zwischen Mitarbeiterzufriedenheit und Qualität der Arbeitsleistung?" an Führungskräfte und Mitarbeiter, getrennt wie auch gleichzeitig, so fällt die Antwort stets eindeutig aus:

„Sehen Sie einen Zusammenhang zwischen Mitarbeiterzufriedenheit und Qualität der Arbeitsleistung?"

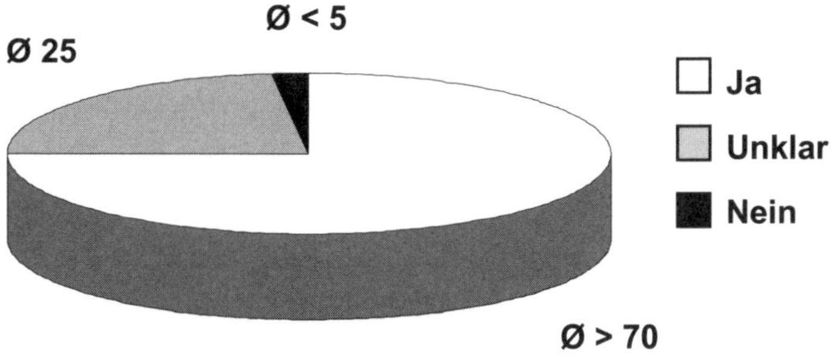

Quelle: Extern durchgeführte Erhebungen

Abbildung 7: Mitarbeiterzufriedenheit vs. Qualität der Arbeitsleistung

Stellt man daraufhin die zweite Frage, ob die an der Umfrage teilnehmenden Organisationen die Mitarbeiterzufriedenheit auch messen oder dies kurzfristig beabsichtigen, dann fällt das Ergebnis jedoch wie folgt aus:

> Im Durchschnitt schwankt die Bandbreite um 15 bis 20 %, je nach Branche und Unternehmensgröße zwar unterschiedlich, aber im Trend eindeutig. Denn der sieht wie folgt aus: Circa 20 % der Unternehmen betreiben eine konsequente Mitarbeiter-Orientierung. Das heißt mit anderen Worten:
>
> Der Zusammenhang zwischen Arbeitszufriedenheit und Arbeitsleistung wird zwar fast uneingeschränkt bejaht, aber das entsprechende Handeln steht dem überwiegend diametral gegenüber. Und dies vor dem Hintergrund, dass es ich um die Nutzbarmachung von Produktivitätspotenzialen handelt.

Fragt man nach den Gründen, warum beispielsweise keine Mitarbeiter-Befragungen durchgeführt wurden, dann können die Antworten generell folgendermaßen zusammengefasst werden:

- Der Wert als solcher, bzw. Nutzen wird nicht hoch genug eingeschätzt: etwa 30 bis 40 %
- Nicht über entsprechende Ressourcen zu verfügen: ca. 25 %
- Mangelnde Akzeptanz seitens der Führungskräfte: ca. 15 %
- Keine Unterstützung seitens der Geschäfts-/Unternehmensleitung: ca. 15 %
- Zeitproblem: ca. 15 %

Im Kern heißt dies: Zum einen fehlt das Know-how, zum anderen lehnt man eine Messung mit unsicherem Ausgang (Ergebnissen) ab.

Als Zwischenergebnis ist festzuhalten:

Nur jedes fünfte Unternehmen betreibt eine konsequente mitarbeiterorientierte Führung. Es fehlt unter anderem an Know-how, diese nutzbringend zu messen. So überrascht dann auch weniger das zu Beginn des Buches zitierte Gallup-Ergebnis von mangelnder Führung in einer betriebswirtschaftlichen Größenordnung, die bei entsprechender Handhabung enorme Produktivitätsverluste wesentlich reduzieren würde. Doch wenn die Wirtschaft zur Weiterentwicklung „Innovationen" braucht, dann sind wesentliche (ausschlaggebende) Faktoren hierfür die Unternehmenskultur und Mitarbeiter-Führung, die beschleunigend oder hemmend wirken, nach Ausrichtung der Unternehmenspolitik bzw. dem vorherrschenden Selbstverständnis der Entscheidungsträger.

Kommen wir nun zur dritten Komponente, der **Arbeits-Organisation.**

Hierbei handelt es sich um eine der drei Komponenten, die in ihrer Wertigkeit hinsichtlich erfolgreichen Führens sehr oft falsch eingeschätzt, hinsichtlich der Potenziale zur eigenen Verbesserung oft weit unterschätzt wird. Doch was kann zunächst darunter verstanden werden? Um es ganz pragmatisch zu handhaben, sollen an dieser Stelle nur einige Punkte beispielhaft genannt werden:

- Organisation des eigenen Schreibtisches
- Setzen von wechselnden Prioritäten
- Handling der Informationen an Mitarbeiter/Vorgesetzte
- Führen von Meetings, Vor- und Nachbearbeitung
- Setzen von Zielen/Teilzielen innerhalb von Jahresplanungen
- Effektives Zeitmanagement (eigenes und im direkten Verantwortungsbereich)
- Zeit und Raum lassen für Personalentwicklungsmaßnahmen (gering im Volumen, aber bedeutend in der Qualität)

So haben Studien immer wieder ergeben, dass weitaus weniger als die Hälfte der an den Untersuchungen teilgenommenen Führungskräfte über eine zufrieden stellende bzw. gute Arbeitsorganisation verfügen.

Gerade hier bestehen Verbesserungs-Potenziale für die Führungskräfte, sprich Chancen, die erst bei näherer Betrachtung und gewonnener Veränderungsbereitschaft erkannt werden. Sie zu messen, fällt bei entsprechender Handhabung nicht so schwer, wie immer wieder angenommen wird.

Ganz im Gegenteil – denn immer dann, wenn die ersten Hemmschwellen abgelegt werden, die Erkenntnis gewonnen wird, dass auch in diesem Bereich Veränderungen zunächst einige Zeit in Anspruch nehmen, besteht zu 80 % die Wahrscheinlichkeit, so auch die selbst vorgenommenen Messungen, einer merklich feststellbaren Optimierung in der eigenen Arbeitsorganisation; und damit übertragen auch für den Verantwortungsbereich der betroffenen Führungskraft.

Ein kurzer Hinweis an dieser Stelle: In Kapitel 7 wird darauf gezielt eingegangen.

Im Folgenden werden nun die drei zuvor dargestellten Komponenten Fach-Kompetenz, personale und soziale Kompetenz sowie Arbeitsorganisations-Kompetenz auf einen Blick zusammengefasst und anschließend in ihrer Bedeutung auch eingeschätzt.

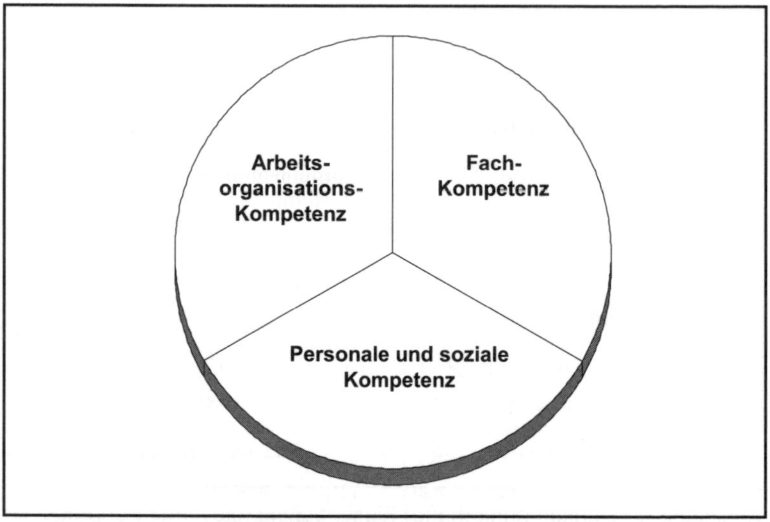

Abbildung 8: Führungbestimmende Komponenten

Der optisch gleich große Anteil jeder einzelnen der drei Kompetenzen darf jedoch nicht zu folgendem Trugschluss führen:

- alle drei Komponenten wären gleich wichtig.

Ihre Wertigkeit hängt vielmehr immer von der jeweiligen Führungsaufgabe ab, beispielsweise:

- hohen Anforderungen mit besonderem Spezialwissen hinsichtlich des Fach-Know-hows;
- ausgewiesener personalen und sozialen Kompetenz, verbunden mit hoher Belastung in Konfliktsituationen;
- hinsichtlich der Arbeitsorganisation ist erfahrene Projektsteuerung/Organisation unbedingt erforderlich.

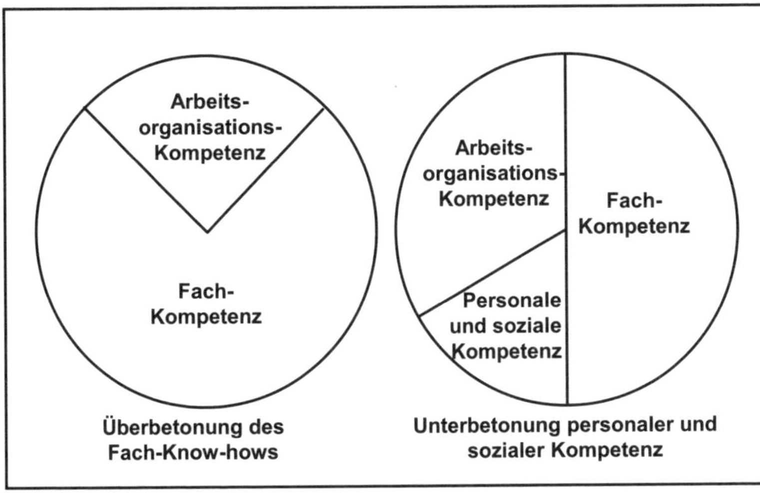

Abbildung 9: Häufige (fehlerhafte) Einschätzung relevanter Führungs-Kompetenzen

Die Abbildung 9 zeigt zwei häufig anzutreffende Tendenzen: Entweder erfolgt eine Überbetonung der Fach-Kompetenz, mitunter bis zur Ausschließlichkeit, oder wenn zwar alle drei Führungs-Komponenten hinsichtlich ihrer Anforderungen definiert werden, wird bezüglich der personalen und sozialen Kompetenz primär die Motivationsfähigkeit gesehen. Sie ist zwar wichtig, aber eine von mehreren Kriterien, die hierbei von ausschlaggebender Bedeutung für ein erfolgreiches Führen sind. Um welche Punkte es sich hierbei handeln kann, wird im nächsten Hauptabschnitt im Überblick beispielhaft genannt werden.

Die besondere Schwierigkeit in der Spezifizierung der Führungs-Komponenten ist insbesondere darin begründet, dass die **Fach-Kompetenz** in der Regel in verschiedenen Funktionen erlernt, oft sogar mit Ausbildungsabschlüssen oder Zertifikaten versehen ist, sich somit sukzessive aufbaut. Damit besteht ein hoher (gemessener) Erfahrungsschatz über die Einschätzung des erforderlichen Fach-Know-hows.

Hinsichtlich einer effektiven und effizienten **Arbeits-Organisation** scheiden sich schon eher die Geister. Für Manche genügt das Führen eines Zeitplanes als Ausweis für ein gut funktionierendes Selbstmanagement. Bei genauerem Hinsehen, zum Beispiel im Rahmen einer Arbeitsplatzstudie oder individuellen Befragung, zeigt sich ein weitaus differenzierteres Bild von gut und weniger gut funktionierender Arbeitsorganisation.

Die größte Bandbreite besteht in der Einschätzung bezüglich der Relevanz **personaler und sozialer Kompetenz** im Arbeitsleben und reicht von: „der ausschlaggebende Faktor schlechthin in der Zukunft" bis zu: „unbedeutsame Folklore, vielleicht woanders, aber nicht bei uns". Diese Art von Bewertung ist vor allem geprägt durch das eigene Menschenbild, die Einstellung gegenüber anderen und das Wissen um die Bedeutung dieses Faktors im Rahmen von arbeits-/organisatorischen Beziehungen. Die zu Anfang zitierten Studien und Markt-Untersuchungen sprechen hierzu mittlerweile eine eindeutige Sprache hinsichtlich der Erforderlichkeit personaler und sozialer Kompetenzen, gerade vor dem Hintergrund immer schneller werdender Veränderungsprozesse und einer immer stärker werdenden friktionalen Arbeitswelt mit zum Teil virtuellem Hintergrund.

Immer dann, wenn eine oder zwei der Führungs-Komponenten einen Ausschließlichkeits-Charakter oder unsachgemäße Überbetonung in den Anforderungen einer Führungsaufgabe erfahren, schlägt das Pendel der Erfolgsmessung in die negative Richtung aus. Man könnte an dieser Stelle den bekannten Spruch anführen: „Auf die Mischung kommt es an".

Je nach Situation und Erforderlichkeit der Führungsaufgabe wird es immer einen differenzierten Anteil der jeweiligen Komponenten (Fach-Know-how, personale und soziale Kompetenz, Arbeits-Organisations-Kompetenz) geben.

Nur wenn einer der Parameter gegen Null tendiert, bzw. unproduktiv zum Tragen kommt, besteht die Gefahr nicht erfolgreicher Führung. Denn jede Führungsaufgabe ist geprägt durch Kommunikation, die gerade bei der Bildung flacherer Hierarchien einen höheren

Aufwand erfordert. So wird beispielsweise auch im Rahmen von Netzwerk-Arbeiten oder Projekt-Entwicklungen die Bedeutung einer rechtzeitigen und vielseitigen Kommunikations-Notwendigkeit immer wieder weit unterschätzt.

Gerade vor dem Hintergrund der geschilderten Problematiken kommt es auf die Gesamtbetrachtung der Führungskompetenz an. Dabei sind je nach Aufgabenstellung die Situation und Umfeldbedingungen dafür entscheidend, welche der einzelnen Komponenten überwiegt.

Dies erfolgt häufig dann nicht, wenn es darum geht, eine erfolgreiche Fachkraft zusätzlich mit Führungsaufgaben zu betrauen. Denn die anders geartete Aufgabenstellung, Mitarbeiter professionell zu führen und sich dabei in bestimmten Arbeitsweisen erforderlichermaßen neu auszurichten, erfordert zusätzliche Kompetenzen, die häufig als „gegeben" (im Sinne von vorhanden) angesehen werden.

Doch dies ist ein weiterer Trugschluss. Denn gerade die „personale und soziale Intelligenz" ist vor allem als Befähigung bzw. Neigung angeboren und nur bedingt veränderbar. In diesem Zusammenhang ist immer wieder festzustellen, dass viele Führungskräfte einen erforderlichen Zeitaufwand an zwischenmenschlichem Input eigentlich innerlich oft ablehnen.

Etwas anders verhält es sich mit der dritten Komponente, der **Arbeits-Organisation**. Sie ist weitaus eher erlernbar und vor allem konkretisierbarer im unmittelbaren eigenen Umfeld. Denn eine effektive Arbeitsmethodik für sich zu entwickeln, bedarf in der Regel oft harter Arbeit, verbunden mit ständiger Anpassung und Veränderung von Zeit zu Zeit. Denn die permanent steigenden Anforderungen bei immer kürzeren Zeitintervallen von unterschiedlichen Aufgaben erfordern eine ständige Optimierung eigener Arbeitsweisen, was häufig übersehen oder für nicht notwendig erachtet wird.

Wie oft konnte ich feststellen, dass durch eine systematischere Arbeitsweise und größere Disziplin, die natürlich je nach Erforderlichkeit trainiert werden muss, erforderliche Freiräume auch im Terminkalender geschaffen werden können. Nicht von ungefähr stellt Peter

F. Drucker in einer seiner Grundthesen folgende Kriterien in unserer heutigen Wissensgesellschaft als entscheidend dar:

- Eigene Arbeitsweise neben
- eigenen Stärken und
- eigenen Werthaltungen,
- um die Zukunft zu meistern.

Womit wir überleitend bei der zweiten Hauptfragestellung dieses Kapitels angekommen sind: Welche Faktoren bestimmen im Wesentlichen Führung als Prozess?

Hauptfaktoren von Führungsaufgaben

Das zuvor im zweiten Kapitel angesprochene Fünf-Eck im Sinne von Eckpunkten der Führung (Abbildung 4) soll nun in etwas ausführlicherer Form auf seine konkreten Inhalte beleuchtet und in seiner Bedeutung eingeschätzt werden.

Ausgehend von der folgenden Abbildung 10 sollen **zwei wesentliche Aspekte erfolgreicher Führung in den Vordergrund gestellt werden:**

Die ganzheitliche Sicht ermöglicht,

- die Komplexität eines Führungsprozesses schrittweise sinnvoll planen zu können,
- in seinen erforderlichen Komponenten eindeutig bestimmbar zu gestalten und
- die oft durch Überbewertung einzelner Faktoren außer Achtlassung der anderen mitentscheidenden Kriterien entsprechend mit einbeziehen zu können.

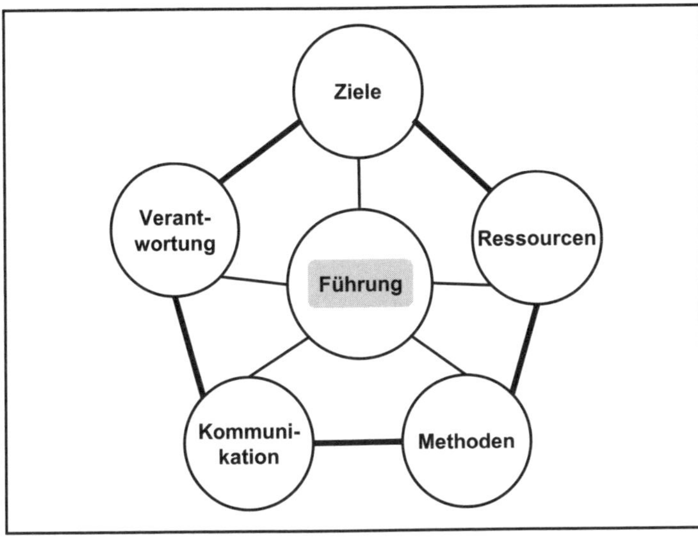

Abbildung 10: Eckpunkte der Führung – sich und andere

Ein einfaches Beispiel kann dies verdeutlichen: Die Punkte Ziele, Ressourcen-Festlegung und einzusetzende Tools/Methoden werden oft ausreichend bestimmt. Hingegen wird gerade am Anfang von neu festgelegten Führungsaufgaben der Komponente Kommunikation zu wenig Zeit eingeräumt, wie es sich dann im Prozessverlauf herausstellt. Hinzu kommt, dass die „eindeutigen" Verantwortlichkeiten gleich zu Beginn – im wahrsten Sinne des Wortes – auf der Strecke bleiben, was sich zum Beispiel in unklaren bzw. nicht transparenten Entscheidungsprozessen ausdrückt.

> Von daher ist der zweite Aspekt, der in diesem Kapitel besonders herausgestellt werden soll, ebenso wichtig wie der erste, nämlich die Konzentration auf die wesentlichen Punkte.

Um welche es sich dabei handelt, ist zuvor (Abbildung 10) dargestellt worden. Welche Konsequenzen dies aber für die tägliche Führungsarbeit bedeutet, soll nun **„auf den Punkt"** gebracht werden. Und zwar in Form von Prinzipien bzw. Grundsätzen, die stets einer individuellen Ausgestaltung genügend Freiraum lassen. Denn, wie schon zuvor ausgeführt, es gibt nicht die idealtypische Führungskraft und demzufolge auch nicht den idealtypischen Anforderungs-Katalog für die Führungskraft. Zumal die jeweilige Führungskraft immer individuell geprägt ist.

Gemäß der These „Führung ist auch immer Ausdruck der eigenen Einstellung und Werthaltung", hier nun einige **Prinzipien im Überblick**:

- Führung sollte mittels eindeutiger Zielbestimmung und Orientierungsmarken für die Beteiligten im Prozess erfolgen
- Das Festlegen von Prioritäten besteht von Anfang an und wird je nach Situationsverlauf neu darauf ausgerichtet
- Verantwortung wird persönlich übernommen und als Pflicht gegenüber den Beteiligten verstanden.
- Kommunikation wird als produktives (erforderliches) „Schmiermittel" für die Zusammenarbeit aktiv praktiziert und erfolgt primär auf emotionale Weise
- Konzentration auf die wichtigsten Erfolgsparameter unter Einbeziehung möglicher Gefährdungspotenziale
- Einsatz einfacher Arbeitspläne zwecks Transparenz und zielorientierter Steuerungsmöglichkeiten
- Anerkennung der Leistung anderer, wobei die Formen hierfür ganz unterschiedlich sein können, natürlich materieller Art, aber auch immaterielle Werte sind von nicht zu unterschätzender Bedeutung

Nun erscheint Führung als eine immer schwieriger werdende Aufgabe, die kaum noch lohnt, übernommen zu werden. Denn auf der einen Seite steigen die Anforderungen permanent, die Vorhersehbarkeiten und damit Planbarkeiten werden immer geringer, die Geschwindigkeiten nehmen nach wie vor zu, und auf der anderen Seite geben Management-Moden auf den ersten Blick zwar eine Orientierungsmöglichkeit, aber lösen dann oft eine noch größere Desorientierung aus.

Wie kann ein Weg aus diesem zuvor beschriebenen Dilemma gefunden werden? Eine Antwort hierzu soll nachfolgend gegeben werden.

Führung im Dialog

Einen möglichen Problemlösungsansatz, aus dem zuvor beschriebenen Dilemma herauszukommen bzw. dieses erst nicht entstehen zu lassen, sehe ich in dreierlei Hinsicht. Ein **entscheidender erster „Hebel“** liegt im eigenen **Selbstverständnis** hinsichtlich der zu übernehmenden bzw. bestehenden Führungsaufgabe.

> Das heißt, sich bewusst zu machen, nach welchen Prinzipien man seine Entscheidungen trifft bzw. sein Handeln ausrichtet. Das ist keine große Herausforderung für den Einzelnen und bedarf auch nicht immenser Zeit, wie im Abschnitt zuvor die beispielhaft genannten Grundsätze zeigen. Diese dienen als Orientierungshilfen zwecks Überprüfung und Adjustierung zum Beispiel der eigenen Arbeits-Methodik, Prioritätensetzung oder Kommunikationserfordernisse.

Einen **zweiten Hebel** sehe ich in der **eigenen Dialogfähigkeit**. Was heißt das?

> In einer sich ständig verändernden Arbeitswelt wird es zunehmend darauf ankommen, die Mitarbeiter von den Zielen und Erforderlichkeiten im Rahmen der gestellten Aufgaben zu überzeugen. Mitdenkende Menschen, und die werden ja allenthalben immer mehr eingefordert, wollen überzeugt und nicht überredet werden.

Und das kann nur mittels Dialog und nicht per Einbahnstraße in Form von Mitteilungen à la Rundschreiben erfolgen. Nur der Dialog schafft die Möglichkeit, Probleme, Herausforderungen, wie auch Konflikte auf sinnvolle Weise zu lösen oder erst gar nicht entstehen zu lassen. Beispiele hierzu sind allseits bekannt, ob aus dem gesellschaftlichen/politischen oder wirtschaftlichen Bereich, denn es handeln immer Menschen und keine Roboter.

Gerade in der Arbeitswelt zeigt es sich immer wieder, dass bei entsprechender Kommunikation viele Probleme erst gar nicht entstanden wären. Der täglich zu hörende Satz lautet sehr oft: „Ja hätten wir doch nur vorher darüber gesprochen!" Erst wenn dem Betreffenden aufgezeigt werden kann, wie aus einem unproduktiven Kommunikationsverhalten Zeit- und Qualitätsgewinn über veränderte Arbeitsweise entstehen kann, und dies mittels objektiver Messung, ist er bereit, lieb gewonnene Gewohnheiten über eine Zeitschiene Schritt für Schritt auch abzubauen.

Viele Führungskräfte wie auch die Mitarbeiter beklagen immer wieder die geringen Möglichkeiten, Projektziele, Probleme oder auch Konfliktsituationen in ausreichender, sprich erforderlicher Zeit besprechen zu können. Stattdessen wird schnell ein E-Mail auf die Reise geschickt, mit der Überzeugung, damit der Erforderlichkeit Genüge getan zu haben. In diesem Sinne kam dies dann zu folgender Beispielsituation.

In einem praktischen Fall hat eine Führungskraft, Herr Meyer-Mehring, im Durchschnitt pro Tag zwischen 50 bis 70 E-Mails, zum Teil mit längerem Anhang, erhalten. Eines Tages stellte Herr Meyer-Mehring fest, egal wie er kommuniziert mit seinen Mitarbeitern bzw. Kollegen, er kommt gegen diese Mitteilungs- und Abstimmungsflut nicht an. Es entstand folgende Idee, nachdem Bitten und Vorschläge nichts änderten: Alle E-Mails mit Anhang wurden ausgedruckt und hintereinander auf den Boden gelegt. Die Aneinanderreihung der E-Mail-Seiten ergab eine Länge von über sieben Metern Papier, und zwar nur die gedruckten Seiten.

Nachdem alle Seiten auf dem Boden aneinander gereiht waren, rief Herr Meyer-Mehring erreichbare Mitarbeiter und Kollegen an, sie möchten sich doch einmal kurz etwas in seinem Büro ansehen. Die Überraschung war mehr als geglückt; Aussagen wie: „Das ist ja der Wahnsinn – das lesen Sie doch nie" – oder – „Haben Sie so viel Zeit, das alles zu lesen!" verdeutlichen die Reaktionen in ganz praktischer Weise.

Hätte man es dabei belassen, dann hätte sich nach einem kurzen Abflauen der E-Mail-Sendungen also der alte Trott wieder eingeschlichen. Doch dieses gemeinsame Erlebnis wurde zum Auftakt einer enormen Verbesserung in der Kommunikation miteinander, indem im Rahmen einer Lernwerkstatt-Veranstaltung (1/2 Tag) und einem Workshop die Umsetzungsschritte entwickelt wurden.

Folgende Relation verdeutlicht diese generelle Problematik in besonderer Weise: „Zahl der Mails, die der Provider AOL täglich anliefert: 680 000 000 – Zahl der unerwünschten Mails, die AOL täglich zurück hält: 780 000 000"[17]. Nicht die Höhe steht hier im Vordergrund, sondern die Relation ist signifikant für die Notwendigkeit ständiger „Müllentsorgung" in der Informations-Verarbeitung.

> Die Produktivität der Kommunikation ist tendenziell umgekehrt proportional zur Anzahl der täglichen E-Mails.

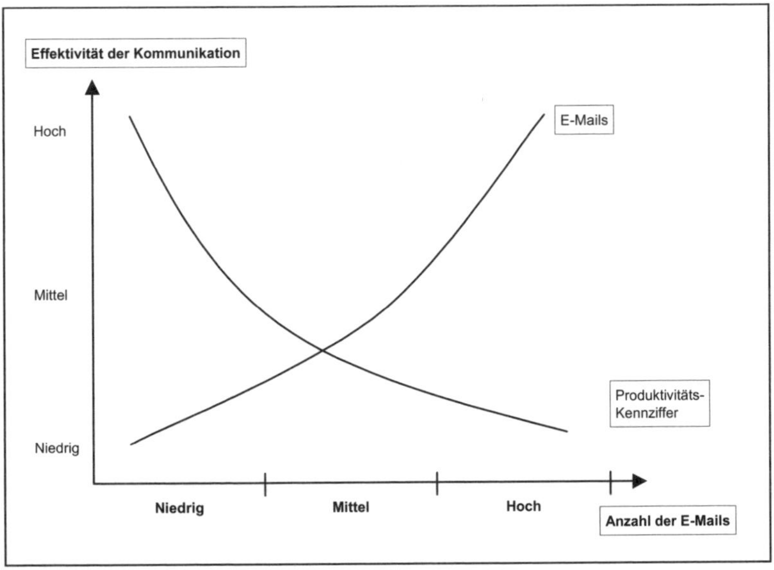

Abbildung 11: Effektivität der Kommunikation versus steigendes E-Mail-Volumen

Folgende Auswirkungen der sich veränderten Kommunikation sind signifikant:

- Überproportionaler Anstieg ineffektiver Nachrichten/Mitteilungen etc.
- Reduzierung der persönlichen Beziehungen
- Enormer Anstieg von Leerzeiten durch zeitverzögerte Kommunikation
- Erhöhung von Arbeitsunterbrechungen mit der Folge von Mehrfach-Bearbeitungen
- Generelle Überlastung an ungefilterten Informationen
- Rückgang verantwortungsbewussten Informations- bzw. Kommunikationsverhaltens nach dem Motto: Ich schicke ihr/ihm schnell eine E-Mail – mal sehen was passiert
- Erhöhtes Potenzial negativen Hochschaukelns
- Selbst erzeugte Unzufriedenheit

So konnte ich in vielen gemeinschaftlichen Arbeiten nachweisen, dass bei unzureichender Kommunikation die Reparaturzeiten und die damit einhergehenden unproduktiven Tätigkeiten weitaus höher ausgefallen sind, als dies der Fall gewesen wäre, wenn von Anfang an eine aktive Kommunikation betrieben worden wäre. Gerade wenn es darum geht, im Rahmen von Projektarbeiten oder Veränderungsprozessen die Erforderlichkeit an notwendiger Kommunikation von vornherein festzulegen, besteht oft ein hoher Grad an Unsicherheit, nach dem Motto: Wir wollen nicht zu viel Zeit vergeuden – das wird sich schon ergeben.

Es kommt also nicht auf ein Mehr an Information und/oder Kommunikation an, sondern auf die Erfordernisse der jeweiligen Führungsaufgabe/Situation und auf die rechtzeitigen Termine.

Womit ich beim **dritten Hebel** bin, dem oft beklagten Dilemma aktiv zu begegnen.

Wenn die **Zeitkomponente** und die mit ihr einhergehende Beschleunigungsgeschwindigkeit eine der entscheidenden Belastungs-Faktoren des Arbeitslebens ist und bis auf Weiteres so bleiben werden, dann kann man ihr nur adäquat begegnen, wenn der Einzelne für sich selbst so genannte Entschleunigungszeiten vorher definiert bzw. terminiert.

Was heißt das, bzw. was heißt es nicht?
Auf keinen Fall soll es heißen, dass man sich dem generell zunehmenden Geschwindigkeitseffekt entziehen kann. Im Gegenteil – ihm aktiv zu begegnen, lautet die Devise. Dies ist jedoch nur möglich, wenn der Einzelne:

- über eine effektive Arbeitsmethodik verfügt,
- mit den eigenen Zeiten und denen der Mitarbeiter gut „haushalten" und
- sich auf ständig wechselnde Prioritäten einstellen und sie auch setzen kann.

Hiermit wird Bezug genommen auf den zuvor beschriebenen Modell-Ansatz der Führungs-Komponenten:

- Fach-Kompetenz
- Arbeits-Organisation
- Personale und soziale Kompetenz

Dabei zeigt es sich, wie gerade der Faktor Zeit in allen drei Komponenten eine zwar bekannte und ausschlaggebende Rolle spielt, aber in der täglichen Praxis diesem Umstand selten Rechnung getragen wird. Nicht von ungefähr beklagten über zwei Drittel von Führungskräften, entweder nicht genügend Zeit für wichtige Dinge zu haben oder sich oft mit Nebensächlichkeiten beschäftigen zu müssen.

Und genau hier setzt die Forderung nach „Führung im Dialog" in besonderer Weise an, und dies in beiderlei Richtung. Zum einen hinsichtlich der „eigenen Führung" – und zwar in der Notwendigkeit, von Zeit zu Zeit über die eigene Arbeitsweise und auch Führungsrolle zu reflektieren als auch im Hinblick auf „Führung anderer".

Um es auch an dieser Stelle auf den Punkt zu bringen, möchte ich gerne Peter F. Drucker zitieren, der im Zusammenhang mit den wichtigsten Prinzipien für erfolgreiche Führung eines besonders hervorgehoben hat: *„Als ein kleines Extra möchte ich noch ein Bonusprinzip hinzufügen. Es ist so wichtig, dass ich es sogar zum absoluten Gesetz erheben möchte, und es lautet:* ***Erst zuhören, dann sprechen.*** *"*[18]

Und genau dies soll mit der begrifflichen Umschreibung **„Führung im Dialog"** erreicht werden. Die Sprache des anderen zu verstehen, ist wesentliche Voraussetzung nicht nur für die Erreichbarkeit des anderen, sondern mindert den hohen Anteil an Missverständnissen, bedingt durch die verschiedenartige Interpretation bei gleicher Wortwahl. Denn sinken die Dialogfähigkeit und Dialogbereitschaft, wächst das Potenzial an Problemen und Konfliktfeldern überproportional. Doch die dafür erforderliche Zeit, um dies erst gar nicht entstehen zu lassen, meinen viele Führungskräfte nicht aufwenden zu müssen oder aufgrund von angeblicher Fremdsteuerung nicht geben zu können. Dies ist überwiegend nur ein vorgeschobenes Argument und entbindet nicht der Verpflichtung verantwortungsvollen Handelns.

Nun wird man bestimmt einwenden können, das hört sich gut an – blanke Theorie – oder dergleichen, weil es sich vielleicht so einfach liest. Aber genau darin liegt der individuelle Ansatzpunkt. Nur praktische, einfach nachvollziehbare Prinzipien entwickeln sich in einer Disziplin wie der Führung qualitativ weiter. Dass dies häufig mit Mühe verbunden ist, ist besonders dann begreiflich, wenn man weiß, wie schwer es ist, lieb gewonnene Gewohnheiten zu verändern.

Und einen nach Jahren gewonnen eigenen Arbeits Rhythmus, als Beispiel, gezielt zu verändern, bedarf es in der Regel Zeit, enormer Disziplin und auch Motivation. Doch ist dies einmal erkannt, bestehen ungemein große Chancen, eigene Potenziale zu heben, Verbesserungen objektiv zu erzielen und dabei zugleich Zufriedenheit in und mit der Arbeit zu gewinnen.

Ansätze hierzu bzw. praktische Empfehlungen sind in Kapitel 7 auch anhand von Beispielen ausgeführt.

Doch zunächst zu den schon mehrfach angesprochenen Praxis-Beispielen von Führungssituationen, die sehr nachdrücklich zeigen, wie es sich im wahrsten Sinne des Wortes lohnt, Führung als eine verantwortungsvolle Aufgabe selbst zu gestalten bzw. mitzugestalten.

Praxisbeispiele

Gemäß einem eigenen Arbeits-Motto:

In der Umsetzung liegt der Schlüssel zum Erfolg!

ist von Anfang an bei der Gestaltung des Buches ein Schwerpunkt auf praktische Beispiele gelegt worden. Aus diesem Anspruch heraus ist die Idee entstanden, Experten um einen Beitrag zum Themenkomplex **Führung ■ auf den Punkt gebracht** zu bitten.

So konnte ich einen Kreis von Experten gewinnen, selbst erlebte Führungs-Situationen zu schildern. Dabei sind die Beispiele ähnlich strukturiert, damit sich der Leser schnell in die jeweilige Situation versetzen kann.

Der generelle Aufbau selbst ist wie folgt strukturiert:

- Ausgangssituation
- Herausforderungen bzw. Zielsetzungen
- Geplante und realisierte Vorgehensweise
- Unvorhergesehene Ereignisse und deren Umgang
- Relevante Erfolgsfaktoren
- Entscheidende Prinzipien bzw. Leitideen

Die einzelnen Praxisbeispiele sind alle gleich bedeutend und werden in alphabetischer Reihenfolge ihrer Autoren bzw. Interview-Partner im Folgenden wiedergegeben.

Die Themenstellungen bzw. konkreten Führungssituationen umfassen folgende Bereiche:

1. Praxis-Beispiel einer Führungssituation im Bereich Verkauf/ Warenhaus mit neuem Kundenfokus (Kundenorientierung)
2. Praxis-Beispiel einer Führungssituation im Kontext eines Personalabbaus
3. Praxis-Beispiel einer Führungssituation im Bereich Betriebs-Organisation
4. Praxisbeispiel einer Führungssituation im Cockpit eines Airbus
5. Praxisbeispiel einer Führungssituation im Bereich Führung globaler Teams
6. Praxisbeispiel einer Führungssituation im Bereich Ausgliederung eines Unternehmens mit anschließender Verschmelzung
7. Praxisbeispiel einer Führungssituation im Bereich Personalberatung/Chemie

Praxis-Beispiel einer Führungssituation im Bereich Verkauf/Warenhaus mit neuem Kundenfokus (Kundenorientierung)

Horst Böhnke, BÖHNKE Consulting AB, Stockholm, ehemals Geschäftsführer bei NK (Nordiska Kompniet AB) in Stockholm

GH: *Vielleicht schildern Sie zunächst einmal die Ausgangssituation.*

HB: NK in Stockholm ist vergleichbar mit dem KA DE WE in Berlin oder dem Harrods in London. Über 200 000 Artikel, wie Mode, Freizeitprodukte, Möbel, Lebensmittel etc. mit der Lage im Herzen von Stockholm, 500 Meter vom Schloss, direkt am Königlichen Garten. Nicht nur die Schweden, die Stockholm einmal besuchen, gehen zu NK, sondern auch alle Ausländer.

Das Unternehmen war zu Beginn meiner Tätigkeit sehr „staubig", könnte man sagen. Die ganze Entwicklung des Einzelhandels, die in Schweden die 70er und 80er Jahren bestimmte, wo sich der Einzelhandel entwickelt hat mit Hennes & Mauritz, Lindex und Kapp Ahl, mehr Spezialisierung der Unternehmen, das ist bei NK nicht viel verändert worden. Die Zeit ist regelrecht an NK vorbeigegangen. Die Öffnungszeiten waren besonders „eng". Man machte abends um 18.30 Uhr zu. Man schloss die Tür am Samstag schon um 15.00 Uhr zu. Man muss dazu sagen, in Schweden können seit Anfang 1970 alle Geschäfte ganztägig aufhaben, von morgens um 6.00 Uhr bis abends um 24.00 Uhr, ohne gewerkschaftliche Probleme. Und NK hat um 15.00 Uhr am Samstag Nachmittag die Kunden buchstäblich rausgeschmissen.

Zu diesem Zeitpunkt habe ich sechs Wochen zunächst in allen Abteilungen eigene praktische Erfahrungen gesammelt, indem ich Mitarbeiter aller Funktionen befragte: „Welche Erwartungen habt Ihr von mir, was soll ich machen, damit Ihr Freude an der Arbeit habt, und damit die Kunden hier bei NK einkaufen und wir letztlich auch unterm Strich Geld verdienen?"

Es ist unwahrscheinlich, wie ich von vielen Menschen Tipps bekam, die im Unternehmen arbeiteten. Was ich erfuhr in diesen sechs Wochen, war, dass die Fachkompetenz zwar unwahrscheinlich hoch war. Aber der Servicegrad, wie man sich gegenüber Kunden verhalten soll, war sehr schlecht. Man kann sagen: Dienstleistung war überhaupt nicht vorhanden, sondern die Leute haben nur das getan, was sie absolut machen mussten.

Wie ich dann am 01. Juni anfing, habe ich ca. 75 Mitarbeiter interviewt. Ich habe fast in allen Abteilungen mitgearbeitet, manchmal eine Stunde oder auch einen halben Tag.

Auf diese Art und Weise – wie ich ins Unternehmen reinkam – wusste ich natürlich sehr gut, was die Stärken und die Schwächen waren. Ich kann mich noch sehr gut erinnern. Ich habe jeden der 75 Mitarbeiter gefragt: „Welche Erwartung habt ihr von mir, was soll ich hier machen?“ Und das war das Interessante, was die Leute gesagt haben. Wir wollen erst mal dich als Chef – man sagt ja in Schweden du – wir wollen dich im Warenhaus sehen: Wir wollen nicht nur über dich in den Tageszeitungen oder Wochenzeitschriften lesen. Du darfst gerne berühmt werden, wenn du hier bei NK bist, weil man ja eine Schlüsselposition einnimmt, aber wir wollen dich auch im Warenhaus mal sehen.

Das Zweite: Wir wollen gerne, dass du Anforderungen an uns stellst, uns positives Feedback gibst, sagst, wenn wir etwas gut gemacht haben. Uns aber auch wissen lässt, was nicht gut ist, und was wir besser machen können.

Das Dritte: Wir wollen kontinuierliche Information haben. Was in einigen Wochen und in einigen Monaten passiert und wollen nicht erst die Informationen am Tag zuvor erfahren.

Und das Letzte: Wenn wir Vorschläge haben, möchten wir auch mal, dass unsere Ideen verwirklicht werden und nicht, dass du dann diese Ideen zu dir nimmst und später präsentierst als deine eigenen.

Einfach zusammengefasst könnte man sagen, dass die Mitarbeiter bereit waren, mehr Verantwortung zu übernehmen und nicht ständig

„von oben" gesteuert werden wollten. Man will Information haben, und dass man zuhört, wenn Ideen von Mitarbeitern kommen.

***GH:** Was waren in der Folge nun die besonderen Herausforderungen?*

HB Im Rahmen eines zweitägigen Treffens und Workshops mit meinem Führungsteam haben wir einen umsetzungsorientierten Zielkatalog erarbeitet. Wir, das heißt meine 11 Mitarbeiter im Führungsteam und ich, haben uns in diesen zwei Tagen auf neun zentrale Punkte geeinigt. Und der erste Punkt, worüber ich mich so richtig gefreut habe, war die Konzentration auf die Personalarbeiten mit den Abteilungsleitern und dem Personal. Also mit den weichen Elementen. Üblich war sonst mit Umbauen und teuren Investitionen.

Das Zweite war, dass wir uns ständig auf die Kunden konzentrieren sollen, an die Kunden denken, uns die Kundenbrille aufsetzen. Was machen wir für die Kunden, damit sie morgen wieder zurückkommen und dann in mehreren Abteilungen einkaufen?

Das Dritte: Wie können wir den Gewinn schneller erhöhen, ohne dass wir Personal entlassen müssen. Mit dem Personal, das wir haben, sollen wir mehr verkaufen. Den Kunden wollen wir so beeinflussen, dass er verschiedene Abteilungen besucht und ein attraktives und aktuelles Sortiment findet.

Und das Interessante war, schon nach diesem Meeting, Mitte August, kamen gar nicht mehr so viele Fragen an mich heran. Wir hatten Prioritäten gesetzt. Wir konzentrierten uns auf das Wichtigste. Wenn Fragen dann trotzdem auf mich zukamen, war meine ständige Antwort: „Komm nicht mit Problemen zu mir, sondern mit Lösungen". Oder ich wollte gerne zwei Vorschläge für die Lösung einer Aufgabe haben. Diese Art, mein Führungsteam zu leiten, führte dazu, dass wir langsam anfingen, ein Team zu werden.

Wichtig dabei war, dass auf diese Weise erreicht wurde, wirklich das zu erfüllen, was man miteinander im Sinne des Kunden vereinbart hat, und das vor dem Hintergrund, dass schon manche 20, 25 Jahre im Unternehmen waren. Früher hatte man Pläne gemacht, und nochmals Pläne gemacht, Visionen geschrieben, Geschäftspläne, alles lag da, die klaren Pläne lagen in einem Bücherschrank, und wenn sie ausgeschrieben waren, hat man sie nicht mehr verfolgt.

GH: *Wie haben Sie Ihre Ziele erreicht, und wie sind Sie dabei vorgegangen?*

HB: Bei einem Jahresumsatz im Jahre 1985 von ca. 140 Mio. Euro, zeigte NK einen Verlust von ca. 120 000 Euro per Monat. Von ca. 75 Abteilungen brachten ca. 50 keinen Gewinn. Das habe ich deutlich im ganzen Haus kommuniziert. Dieses war ein Schock für viele Mitarbeiter. Diese Information war einfach notwendig, um unsere Ziele zu erreichen.

Einen entscheidenden Weg sah ich in der direkten Kommunikation, alle Mitarbeiter von unseren Zielen und Maßnahmen zu überzeugen. Doch wie ist dies in einem Warenhaus mit 1 200 Mitarbeitern möglich?

Über den Kundenlautsprecher bei der Information am Haupteingang war es möglich, kurz vor der Öffnung des Warenhauses alle Mitarbeiter zu erreichen. So habe ich dann drei Minuten vor 10.00 Uhr jeden Tag über den Umsatz des Vortages informiert.

Als Zweites galt es, die Öffnungszeiten zu ändern, und zwar für die Wochentage von 10.00 bis 19.00 Uhr und samstags bis 17.00 Uhr. Sonntag 11.00 bis 17.00 Uhr. Zu Weihnachten hatten wir sogar, nicht das erste, aber das zweite Jahr, die letzten zwei Tage vor Weihnachen bis 22.00 Uhr auf. Und am Heiligabend war NK das einzige Warenhaus, was im Zentrum zwischen 10.00 und 13.00 Uhr geöffnet hatte. Jedes zweite Jahr habe ich am Heiligen Abend gearbeitet, einer der schönsten Tage des Jahres zu arbeiten. Das Personal war in guter Stimmung, wie auch die Kunden. Diese fröhliche Stimmung trug dazu bei, dass viel eingekauft wurde.

Das Dritte: Es war notwendig zu erfahren, was die Kunden von uns erwarten und welche Verbesserungsvorschläge wir von den Kunden auffangen können.

Die Fragen: „Welche Anforderungen stellst du an NK?", „Was machen wir gut, was könnte besser werden?", schrieben wir auf einen Zettel in Postkartengröße, den wir dann an jeder Kasse aufgestellt haben. Alle diese Karten kamen an mich persönlich, ca. 100 bis 120 per Woche. Diese wurden innerhalb von drei Tagen, wenn es Adressen gab, von mir und meiner Sekretärin beantwortet. Nach einigen Monaten hatten wir natürlich so 20 Standardbriefe für die Kunden im Computer. Ich unterschrieb doch jeden Brief persönlich. Damit war ich immer auf dem Laufenden über das Meiste, was im Warenhaus geschieht.

Der Kunde wurde auf verschiedene Arten belohnt, von einem Kaffeescheck bis eventuell 10 Euro Präsentscheck. Intern wurde eine Kopie von der Karte an die verantwortlich Person in einer Abteilung gesendet. Und das bedeutet, dass wir das ganze Feedback ständig von den Kunden bekamen. Die Mitarbeiter waren eben informiert, und man wurde in einigen Monaten auch reif, so eine Kritik nicht als persönliche Kritik zu nehmen, sondern was können wir besser machen, damit der Kunde zufrieden ist.

Das war eigentlich das Wichtigste. Man hatte keine „Reife" im Warenhaus zu akzeptieren, dass irgendeiner sagte, was man besser machen könnte. Und da hatte ich eine ganz andere Erfahrung von Ikea, wo man sagt, jetzt hat man was Gutes gemacht und dann haben wir uns darüber gefreut. Wir waren zufrieden und am nächsten Tag haben wir gesagt, was können wir noch besser machen zum nächsten Mal. Das war also die Ikea-Kultur. Auch im Lebensmittelhandel ist es ja genauso, aber bei NK war es leider nicht so. Sofern einer was sagte, hat man sich persönlich angegriffen gefühlt.

***GH:** Können Sie einige „unvorhergesehene" Ereignisse, und deren Umgang damit, beispielhaft schildern?*

HB: Ja, zunächst einmal die Reklamationen. Wir haben eine Institution in Schweden, eine Konsumenten-Institution, wo Reklamationen geprüft werden, wenn der Konsument nicht sein Recht bei einem Unternehmen bekommen hat. Bei NK war man stolz darauf, dass man in einem Jahr von 28 Reklamationen 27 Mal gewonnen hatte. Ich war jedoch der Meinung, der Kunde hat immer Recht. Jede Reklamation ist in meinen Augen eine große Möglichkeit, den Kunden noch besser an das Unternehmen zu binden.

Und das war eine der schwierigsten Aufgaben, die ich im Warenhaus einzuführen hatte. Dem Kunden Recht zu geben, immer Recht zu geben. Denn das Personal wusste, dass es dem Unternehmen schlecht ging und man seitens des Unternehmens freiwillig nichts verschenken wollte. Eine sehr kurzsichtige Einstellung. Ich hatte eine ganz, ganz andere Einstellung, wohl dadurch, dass ich vom Lebensmittelhandel kam auch bei Ikea gearbeitet hatte. Dort gab es überhaupt keine Diskussion, denn der Kunde bekam immer Recht.

Ich kann mich noch gut daran erinnern, wie ich dieses System, „der Kunde hat immer Recht“, einführen wollte, hat unser Präsident zu mir gesagt: „Aber Herr Böhnke, wie können Sie das denn machen, das wird uns doch zu viel Geld kosten.“ Wir hatten damals einen Umsatz von 140 Mio. Euro. Und da habe ich gedacht, das würde uns sicherlich 100 000, 150 000 Euro im Jahr kosten. Aber ob Sie es glauben oder nicht, das hat uns nicht mehr als 12 bis13 000 Euro im Jahr gekostet. Das ist vergleichbar mit den Anzeigenkosten einer ganzen Seite in einer der größten schwedischen Tageszeitungen. Also eine ganze Seite kostete genauso viel wie alle Reklamationen in einem Jahr.

Sie können sich ja vorstellen, wie wir beeindruckt waren, wie wenig das eigentlich kostete.

Bis 200 Euro durfte jeder Mitarbeiter Reklamationen entscheiden. Also „Ja“ sagen. Über 200 Euro wurde das direkt von mir selbst entschieden. Keiner durfte im Warenhaus, „Nein” zu den Kunden sagen, nur ICH.

Der Goodwill, den NK dadurch bekam, war von größter Bedeutung um treue Kunden zu behalten.

GH: *Was sind für Sie die entscheidenden Erfolgsfaktoren gewesen?*

HB: Ich versuchte immer für meine Mitarbeitern ein Vorbild zu sein, nach dem Motte: Setze die Kundenbrille auf, wie sieht der Kunde es von der anderen Seite der Theke. Hier ein Beispiel:

Damit wir alle im Führungsteam ein ganzheitliches Bild vom Warenhaus bekamen, machten wir einen zweistündigen gemeinsamen Rundgang. Im letzten Freitag des Monats zwischen 14.00 und 16.00 Uhr

Wir haben uns vor dem Haupteingang des Kaufhauses versammelt, schauten uns die Schaufenster an und sind dann durch das Warenhaus gegangen. Ich hatte stets ein kleines Diktiergerät dabei, um die positiven und negativen Punkte zu sammeln. Es war sozusagen ein Kampf zwischen den Abteilungen entstanden, und das wollte ich ja gerade haben.

Dadurch begann sukzessive, jeder mehr ganzheitlich zu denken. Jetzt konzentrieren wir uns auf Mode, jetzt haben zum Beispiel Weihnachtsfenster den Vorrang. Man kann nicht alles jeden Tag im Fenster haben. Wie sind die Toiletten zum Beispiel, wie sieht die Cafeteria aus usw. Mir war diese Rundwanderung besonders wichtig. Von den 11 Kollegen im Führungsteam konnte man viel lernen, denn jeder war ja ein Spezialist.

Mit dem Diktiergerät habe ich alle wichtigen Punkte notiert.

Meine Sekretärin hat am Montag alles abgetippt, und das Ergebnis ging dann an alle 11 Kollegen. Und ich kann hier sagen, nach fünf bis sechs Monaten hatten wir eine Reife erreicht, die unwahrscheinlich positiv war. Es konnten ja nicht immer alle an diesem letzten Freitag im Monat dabei sein. Aber alle waren immer informiert. Wir haben dann langsam Schritt für Schritt das Niveau des Warenhauses erhöht.

GH: *Können Sie noch andere Erfolgsfaktoren nennen, die bei der Neuausrichtung ausschlaggebend waren?*

HB: Ein praktisches Beispiel sind unsere Kampagnen gewesen. So hatten wir, als ich anfing an einem Donnerstag/Freitag 16 Anzeigen in den zwei großen schwedischen Morgenzeitungen. Mit den rausgeschnittenen Anzeigen bin ich im Warenhaus rumgegangen. „Wo habt Ihr jetzt hier die Waren präsentiert? Und wie sieht das aus? Habt Ihr alle Größen da, sind die Waren eingeschlagen und vorbereitet“. Und das werde ich nie vergessen. Von 16 Anzeigen hatte man nur für neun Anzeigen die Waren in den Abteilungen. Bei den restlichen sieben Anzeigen hatten die Abteilungsleiter überhaupt keine Ahnung, dass sie eine Anzeige hatten. Also war keine Kommunikation zwischen Einkauf und Verkauf vorhanden. Sie musste dringend den neuen Erforderlichkeiten angepasst werden.

GH: *Was sind für Sie die dabei entscheidenden Prinzipien bzw. Leitideen?*

HB: So war es bei NK für mich wichtig, das wirtschaftliche Denken in die tägliche Praxis umzusetzen, also man kann sagen, ganz deutliche Ziele zu setzen. Und diese Ziele auch wirklich zu kommunizieren mit jedem Mitarbeiter. Und außerdem, wenn man diese Ziele gesetzt hat, dann muss man diese auch, ich liebe nicht das Wort realistische Ziele, zusammen mit den Mitarbeitern setzen, dass sie das Gefühl haben, das Ziel kann ich erreichen. Außerdem muss man die Möglichkeit haben, Fehler machen zu können. Ein Mitarbeiter, der einen Fehler macht, wird nicht irgendwie bestraft, aber er darf den gleichen Fehler nicht noch einmal machen.

Die nie Fehler machen, die nutzen nur ihr Wissen zur Hälfte oder zu 20 %. Also deutliche Ziele, diese Ziele zu verfolgen und dann den Mitarbeiter zu sehen. Zu sehen bedeutet, wenn ich durch das Warenhaus gehe, jedem Mitarbeiter, den ich hinter einer Kasse sehe, kurz zuzunicken. Ich brauche da nicht hingehen, mit der Hand zu grüßen, weil die grade mit einem Kunden beschäftigt sind. Es reicht schon, dass ich Augenkontakt mit ihnen habe und ein bisschen nicke. Dann fühlen sie, der hat mich gesehen. Denn jeder Mitarbeiter will gesehen werden, auf die eine oder andere Art und Weise. Und das ist dann wichtig, dass man sich aufs gleiche Niveau begibt wie der andere.

Für mich war es wichtig, die Mitarbeiter im Warenhaus zu sehen. Ich hatte kurze Gespräche. Bekam eine Menge Tipps. Wenn einer Ideen hatte, versuchte ich diese Ideen schnell zur Überprüfung und Umsetzung weiterzugeben.

Das Dritte natürlich, man könnte es vorher nennen: KUNDE, KUNDE, KUNDE! Was ist wichtig für den Kunden? Also ich hab ein Prinzip, wenn eine Frage an mich gestellt wird. Dann gilt folgende Reihenfolge: Ist das wichtig für den Kunden? NEIN.

Ist das wichtig für den Mitarbeiter? NEIN.

Ist es wichtig für den Gewinn? NEIN.

Wenn es nicht auf die drei Sachen zutrifft, dann lass ich es beiseite. Es ist sehr leicht, wenn man in einer Position ist, wie ich sie bei NK einnahm, dass man „aufgegessen" wird von externen Meetings. Sie können 60 % der Arbeitszeit außerhalb des Hauses in verschiedenen Komittees dabei sein, und ich hab gesagt: NEIN! Alles außerhalb, NEIN. Ich hab mich nur auf mein Team, auf meine 1 200 Mitarbeiter konzentriert. Also deutliche Ziele, das Resultat verfolgen, um wieder zurückzukommen und das Dritte, den Kunden das zu geben, was sie erwarten, und noch ein bisschen mehr.

Als ein weiteres wichtiges Prinzip möchte ich die Personalentwicklung nennen. Dabei war es von Anfang an mein Bestreben, die Mitarbeiter zu unterstützen und sie dazu anzuhalten, dass sie selbständig denken. Die andere Sache war: Jeder meiner Abteilungsleiter musste einen Stellvertreter haben. Der Verkaufsleiter sollte einen Stellvertreter haben, Abteilungsleiter Stellvertreter, so trainiert man junge Leute. So versuchte ich so viel wie möglich, den Mitarbeitern die Verantwortung zu übertragen.

Zusammenfassend kann ich vielleicht Folgendes hervorheben:

Mir kommt es immer besonders darauf an, dass die Mitarbeiter lernen, Probleme selbständig zu lösen. Und wenn dies nicht gelingt, was mit zunehmender Zeit immer weniger wird, dann sollten sie zumindest mit zwei Vorschlägen zur Problemlösung aktiv beitragen. Ich bin davon überzeugt und ich habe das immer wieder selbst erlebt, dass die größten Potenziale, die für ein Unternehmen überlebenswichtig sind, in den eigenen Mitarbeitern stecken. Sie in ihrer Entwicklung dabei zu unterstützen, ist für mich mehr als nur eine Pflicht.

(Stockholm, 18. November 2004)

Praxis-Beispiel einer Führungssituation im Kontext eines Personalabbaus

Rainer Dahms, Fachbereichsleiter im Zentralen Stab Personal,
Commerzbank AG, Frankfurt/Main

Ausgangssituation

Aufgrund der gesamtwirtschaftlichen Situation des Unternehmens mussten die Kosten im Unternehmen drastisch gesenkt werden.

Die im Ergebnis beschlossenen Kosteneinsparungen verteilten sich je zur Hälfte auf den Bereich der Sachkosten bzw. den Bereich der Personalkosten.

Im Sachkostenbereich lagen Einsparungspotenziale vor allem im IT-Bereich, in der Senkung von Raumkosten durch Raumverdichtung und -abmietung, Optimierungen im Einkauf und der Senkung der Werbungskosten.

Die Kosteneinsparungen beim Personalaufwand bedingten deutliche Einschnitte bei der variablen Vergütung, die Streichung freiwilliger Zusatzleistungen wie zum Beispiel das Weihnachtsgeld oder die Zuschüsse zu Betriebsfeiern und vieles andere mehr.

Das größte Einsparungsvolumen im Personalkostenbereich liegt jedoch in einem Dienstleistungsunternehmen naturgemäß im Personalabbau. Trotz der hohen Restrukturierungsaufwendungen, die mit einem Personalabbau verbunden sind, ist eine nachhaltige und mittelfristig wirksame Kostenreduktion maßgeblich nur über einen Personalabbau zu erzielen. Dies gilt vor dem Hintergrund der hohen Lohn- und Lohnnebenkosten für wohl alle Dienstleistungsunternehmen in Deutschland.

Besondere Problemstellung

Im Rahmen der Umsetzung des Personalabbaus haben wir unseren Mitarbeitern eine Vielzahl an verschiedenen freiwilligen Maßnahmen, wie zum Beispiel Vorruhestandsvereinbarungen, Altersteilzeit,

Abfindungsangebote, Teilzeitmöglichkeiten u. v. m. angeboten. In den Anfängen konnten wir eine große Anzahl freiwilliger Maßnahmen abschließen und bereits innerhalb von einem Jahr rund 2.000 freiwillige Maßnahmen umsetzen.

Mit steigender Anzahl der Abschlüsse an freiwilligen Maßnahmen wurde es jedoch – insbesondere vor dem Hintergrund der zunehmend schwieriger werdenden Arbeitsmarktsituation, die immer stärker auch den Finanzdienstleistungsbereich erfasst hatte – immer schwieriger, freiwillige Maßnahmen zu vereinbaren.

Erstmalig in der Unternehmensgeschichte der Bank mussten wir uns mit der Frage auseinander setzen, ob betriebsbedingte Kündigungen überhaupt noch zu vermeiden sind. Die rechtlichen Randbedingungen hierfür hatten wir uns im Sozialplan und Interessenausgleich bereits im Vorfeld so ausgestaltet, dass die erforderlichen Freiräume für betriebsbedingte Kündigungen vorhanden waren.

Von Anbeginn waren wir uns über die in der Personalwirtschaft häufig besprochene Problematik bewusst, dass betriebsbedingte Kündigungen nicht selten zuerst die Mitarbeiter betreffen, die das Unternehmen dringend braucht: junge, leistungsstarke Mitarbeiter. Denn es sind gerade die jüngeren, zumeist hervorragend ausgebildeten Mitarbeiter, die im Rahmen der so genannten Sozialauswahl als erste gekündigt werden müssen.

Ein Problem, dass vor dem Hintergrund der zunehmend fehlenden Bereitschaft der Mitarbeiter, freiwillige Maßnahmen abzuschließen, als nicht mehr vermeidbar erschien.

Neue Mechanismen des Personalabbaus

Neben den klassischen und bekannten Instrumenten zur Realisierung eines Personalabbaus wie zum Beispiel die Beendigung von Arbeitsverhältnissen unter Zahlung von Abfindungen, Outplacement-Beratungen, Altersregelung etc. haben wir mithin den Mechanismus „des **Schiebens**“und „des **Ziehens**“ entwickelt.

Wie in der Vergangenheit wurden dabei Prämien für den Abschluss eines Beendigungsvertrages auf freiwilliger Basis ausgesetzt. Gleichzeitig wurde intern den Mitarbeitern deutlich gemacht, dass die ultima ratio der betriebsbedingten Kündigung dann ansteht, wenn nicht genügend Aufhebungsverträge unterschrieben werden.

Das **Ziehen** erfolgte dadurch, dass Anreize über „Sprungprämien" geschaffen und Outplacement-Angebote für den Fall des Abschlusses eines Aufhebungsvertrages unterbreitet wurden.

Das **Schieben** erfolgte dadurch, dass die Bank nicht nur mit Worten, sondern auch mit Taten verdeutlicht hat, wie ernst die Ankündigung potenzieller betriebsbedingter Kündigungen zu nehmen ist. Dies erfolgte zum Beispiel dadurch, dass in der Vorbereitung evtl. betriebsbedingter Kündigungen bereits mit zeitlichem Vorlauf die gesetzlich erforderlichen Sozialdaten von mehreren tausend potenziell betroffenen Mitarbeitern erhoben wurden. Hierüber ist viel kommuniziert worden – zunächst vom HR-Ressort an die Mitarbeiter und in der Folge dann in hohem Maße auch innerhalb der Belegschaft selbst.

Umgang mit unvorhergesehen Ereignissen

Um die Masse der Sozialdaten überhaupt mit vertretbarem Aufwand verarbeiten zu können, wurden diese online via Bildschirm von den Mitarbeitern erfasst. Diese Erfassung der Sozialdaten per Bildschirm unterliegt der Mitbestimmung der Arbeitnehmervertretung. Der Betriebsrat hat uns diese Zustimmung aus politischen und verhandlungstechnischen Gründen verwehrt. In der Folge mussten wir eine weitere, unerwartete Hürde nehmen und uns die Zustimmung des Betriebsrates über eine Einigungsstelle ersetzen lassen, sodass wir unser Vorhaben, die Sozialdatenerhebung dv-gestützt umzusetzen, schlussendlich doch noch erfolgreich durchführen konnten.

Maßgeblich relevante Erfolgsfaktoren

Mit dieser Vorgehensweise wurde dem Mitarbeiter sehr plastisch vor Augen geführt, dass das Unternehmen die Mitarbeiter einerseits mit sozialverträglichen Angeboten im Rahmen einer Trennung unterstützt, es aber andererseits auch sehr ernst damit meint, im Falle einer nicht ausreichenden Bereitschaft, freiwillige Maßnahmen anzunehmen, betriebsbedingt zu kündigen.

Der Druck, die Bewegung in der Belegschaft und die Unterstützungsangebote zur Beendigung des Arbeitsverhältnisses machten es möglich, die notwendigen freiwilligen Beendigungen von Arbeitsverhältnissen einvernehmlich und ohne den Anspruch betriebsbedingter Kündigungen herbeizuführen.

Auf diesem Wege wurde das zunächst scheinbar nicht lösbare Problem, den Verlust des hochqualifizierten Nachwuchses im Rahmen der Sozialauswahl hinnehmen zu müssen, vermieden und damit wertvolles Qualifikationspotenzial für das Unternehmen in diesem äußerst schwierigen Prozess gesichert. All dies wäre bei betriebsbedingten Kündigungen nicht möglich gewesen.

Erfolg durch Nachhaltigkeit und Teamwork

In dem gesamten Prozess des Personalabbaus war es eminent wichtig, die Ziele stets genau zu definieren und ein hohes Maß an Nachhaltigkeit in der Verfolgung dieser Ziele zu sichern. Widerstreitende Interessen mussten koordiniert, nicht vermeidbare Konflikte im Sinne des Ganzen mit Überzeugung und schlussendlich auch mit Druck bis hinzu rechtlichen Mitteln gelöst werden.

Zwingend erforderlich war es, ein Team zu bilden, das den Prozess in diesem Sinne steuerte und controllte. Die absolute Zuverlässigkeit und Einsatzbereitschaft des Teams machte es möglich, ein Projekt dieser Tragweite zum Erfolg zu führen.

(Frankfurt/Main, August 2004)

Praxis-Beispiel einer Führungssituation im Bereich Betriebs-Organisation

Peter Göschl, Leiter Betriebsorganisation, Munich Re Group, München

Führung in einer Projektorganisation (Fachstruktur)

Ausgangssituation

Ein in einer Linienorganisation organisierter Zentralbereich, dessen Aufgabe unternehmensinternes Consulting ist, sollte erweitert und umstrukturiert werden, um zusätzlichen Anforderungen, die zunehmend auch von außen kamen, gerecht zu werden. Die klassische Linien-Hierarchie erschwerte Flexibilität, die notwendig war, um den steigenden und immer komplexeren Projektanfragen gerecht zu werden.

In der Umstrukturierung wurde der Bereich in der Anzahl der Mitarbeiter erweitert und eine Projektorganisation eingeführt. Es wurde ein Pool von Seniorberatern/Projektmanagern, direkt berichtend an den Bereichsleiter, eingerichtet. Zentrale Aufgabe dieser Seniorberater ist die Steuerung von Projekten (fachliche Anleitung und Coaching der Leiter der einzelnen Projektteams) und Projektleitung bei komplexen Projekten. Die Seniorberater haben keine direkt zugeordneten Mitarbeiter.

Daneben gibt es eine Abteilung, in der ein Pool von Organisationsberatern organisatorisch zusammengefasst ist. Die disziplinarische Führung erfolgt durch den Abteilungsleiter. Die Organisationsberater werden den Projektteams, die durch die Seniorberater gesteuert werden, zugeordnet, können dabei auch selbst Projektleitung übernehmen.

Insgesamt entstand damit eine Projektorganisation mit nur mehr zwei Führungspositionen in einem Zentralbereich. Damit ergab sich eine Struktur, in der fachliches Anleiten und disziplinarische Führung getrennt sind. Dies möchte ich als Fachstruktur bezeichnen.

Besondere Herausforderungen bzw. Zielsetzungen

Zielsetzung war vor allem, eine hohe Flexibilität bei Besetzung und Durchführung von Projekten, verbunden mit hoher Qualität zu erreichen. Da bei einer internen Beratung die Aufträge zum Teil wenig steuerbar sind und auch die verfügbaren Kapazitäten nicht beliebig ausgeweitet werden können, ist diese Flexibilität dringend notwendig, um den vielfältigen Anforderungen gerecht zu werden. In der relativ starren Hierarchie der Vergangenheit war es schwer möglich, über die Führung hinweg, Projekte „quer" also über Einheiten hinweg zu besetzen.

Die besondere Herausforderung war es, Führung sicherzustellen. Die Organisationsberater hatten die Erschwernis, dass sie „mehreren Herren" dienen, nämlich in der eigenen disziplinarischen Berichtslinie und in der Regel in zwei weiteren Projektaufgaben. Dabei kann Orientierung und Sicherheit verloren gehen, außerdem kann die eigene Entwicklung darunter leiden.

Geplante und realisierte Vorgehensweise

Die Umsetzung der neuen Struktur erfolgte zügig. Alle neuen Stellen in der Fachführung, nämlich Seniorberater und Abteilungsleiter, wurden neu ausgeschrieben. Die Besetzung erfolgte nach Bewerbung und entsprechender Auswahl. In einem ersten Workshop mit den Seniorberatern wurden die Spielregeln erarbeitet. Wie werden Projekte besetzt? Wie werden Projekte durchgeführt? Mit welchen Methoden und Tools wird gearbeitet? Wie sehen die künftigen Rollen aus? Wie erfolgen Personalentwicklung und Leistungsbeurteilung?

Mit diesem Vorgehen wurde zwar vermieden, dass mit der Besetzung der Stellen schon die Struktur umgesetzt ist, es wurde aber deutlich unterschätzt, die Idee und den Hintergrund der Strukturänderung nachhaltig zu verankern. Rückwirkend betrachtet wurde die Umstrukturierung zwar akzeptiert, war aber in der Ausgestaltung für die Mitarbeiter schwer zu verstehen. Hier zeigte sich eine Fehleinschätzung, die bei der Umsetzung von Projekten oft eintritt. Strukturen werden schnell verändert, die Begleitung der Mitarbeiter in die neue veränderte Umwelt aber vernachlässigt beziehungsweise als nicht so schwierig eingeschätzt.

Unvorhergesehene Ereignisse

Nach etwa einem Jahr stellte sich heraus, dass die neue Struktur zwar funktioniert, die höhere Flexibilität eingetreten ist und der Bereich den Anforderungen gerecht werden konnte, jedoch in einem gemeinsamen Workshop deutliche Defizite festgestellt wurden. Diese betrafen vor allem unklare Führung und unklare Rollen. Es wurden fehlende gemeinsame Werte zur Orientierung und fehlende Regelungen zur Konfliktlösung in der Führung zwischen Fach- und disziplinarischem Vorgesetzten identifiziert. Die Probleme wurden später in einer Mitarbeiterbefragung bestätigt. In zwei weiteren Workshops ist es dann gelungen, die Defizite deutlicher herauszuarbeiten und vor allem zu verstehen. Kernpunkt war, dass sich die Organisationsberater als „nicht geführt" empfanden. Die Führung der Seniorberater bezog sich alleine auf die Durchführung der Projekte und war stark von dem Erfolg der Projekte getrieben.

Wirkliche Führung im Sinne von Weiterentwicklung und Unterstützung der Organisationsberater wurde so nicht gewährleistet. Die Analyse zeigte, dass die Seniorberater eine bessere Situation hatten, eigene Ziele waren klar und mit eigenen Mitteln erreichbar. Die eher negativen Begleiterscheinungen von Führung, wie Konsequenzen aus schlechter Leistung, Enttäuschungen bei Nichtberücksichtigung von Bewerbungen oder Feedback bei Entwicklungsfeldern, waren nicht vorhanden, solange die Projekte gut liefen. Für die Vermittlung dieser Themen waren die Führungskräfte zuständig, was dazu führte, dass die Verunsicherung der Mitarbeiter größer wurde, keine Rückmeldung außerhalb der Projekte gegeben wurde und die Mitarbeiterentwicklung nicht optimal war.

Konsequenzen daraus waren eine nochmalige Beschreibung der Rollen und eine klarere Delegation von Führungsaufgaben an die Senior-Berater im Rahmen der Fachstruktur. In einer Fachstruktur gewinnt Führung erheblich an Bedeutung. Die Erfahrung ist, dass gerade in der Praxis häufig die Meinung herrscht, in einer Fachstruktur ist weniger Führung von oben notwendig, da ja auf erfahrene Fachleute delegiert wird. Klare Rollenbeschreibungen, einklagbare Spielregeln und wertschätzender gegenseitiger Umgang sind unumgänglich. Das Einhalten der Regeln ist erfolgskritisch, Aufgabe der Führungskraft ist es die Regeln einzufordern und sicherzustellen, dass diese auch gelebt werden bis hin zu Konsequenzen, wenn das nicht der Fall ist.

Darlegung relevanter Erfolgsfaktoren

Größere Veränderungen brauchen Zeit, in der die Betroffenen mit auf den Weg der Umsetzung genommen werden müssen. Es reicht nicht, wesentliche Themen einmal zu konzipieren, vorzustellen und zu glauben, dass es dann so läuft. Es ist also ständige Auseinandersetzung mit den Themen notwendig. Der Führungskraft muss die Problematik bewusst werden und sie muss sich dem Thema stellen. Im dargestellten Fall wurde das Thema von mehreren Seiten immer wieder aktiv aufgegriffen und nicht tabuisiert.

Als Führungskraft ist man immer versucht, die Probleme gerade auf einer eher emotionalen Ebene zu verdrängen und die Lösung in den Sachfragen zu suchen. Hier habe ich eine gewisse Zeit nicht verstanden, worum es eigentlich wirklich geht und die Ursache immer in der Struktur gesucht, die für mich durchgängig und richtig war, von der ich überzeugt war. So gerät man leicht in eine Verteidigungshaltung und hinterfragt die wirklichen Ursachen viel zu wenig.

Der Erfolgsfaktor ist eine regelmäßige Feedbackschleife nach einer Veränderung. Es war vereinbart, nach etwa einem Jahr eine Überprüfung der Umsetzung vorzunehmen. Zu diesem Zweck wurde der lang geplante erste gemeinsame Workshop durchgeführt, der die Probleme erstmals deutlich auf den Tisch brachte. Wichtig sind eine offene Auseinandersetzung und Ursachenanalyse, verbunden mit Maßnahmen zur Problemlösung. In vielen Diskussionen wurden die Ergebnisse analysiert, in weiteren Workshops wirklich tiefe Ursachenforschung betrieben und einige wesentliche, nun sehr konkrete Lösungen erarbeitet, die umsetzbar waren. Hier ist darauf zu achten, dass man sich nicht zu viel vornimmt. Ich beobachte häufig, dass in der Euphorie eines gelungenen Workshops mit ausreichend Zeit auch für eine soziale Komponente, zu viele Aktivitäten geplant werden, die sich in Menge und Anspruch als überfordernd für die spätere Umsetzung herausstellen. Weniger ist auch hier mehr.

Wie im vorliegenden Fall kommt häufig oben genannte Falle, es ist alles besprochen, es gibt Maßnahmen, wir können wieder zur Tagesordnung übergehen. Natürlich werden einige der Maßnahmen umgesetzt, aber die eigentlichen Probleme werden nicht konsequent genug angegangen.

Wesentlich ist hier für mich, dass alle Beteiligten einen Beitrag zur Verbesserung leisten und in Teilen Verantwortung für deren spätere Umsetzung übernehmen. Damit hängt nicht alles an der Führungskraft. Diese Erkenntnis erachte ich für mich als entscheidend. Dadurch wird wirkliche Beteiligung an Lösungsfindung und Umsetzung erreicht.

Entscheidende Prinzipien/Leitideen

Festhalten an der Idee/Vision

An der Idee/Vision festhalten, die durchaus an Bewährtem hängen kann, aber bereit und offen sein für einen eigenen Beitrag zur Veränderung, damit auch selbst offen sein für die Veränderung. Dazu gehört es, nicht zu glauben, dass mit struktureller Reorganisation oder der Durchführung von einmaligen Aktionen die Grundidee verstanden ist und umgesetzt wird.

Veränderung braucht Zeit

Veränderung braucht Zeit und ständige Feedbackschleifen, den Betroffenen müssen Freiräume zugestanden werden, um sich einbringen zu können. Dabei ist ein Eingehen auf wirkliche Befindlichkeiten von Betroffenen unerlässlich. Dies wird gefördert durch Wertschätzung gegenüber dem Einzelnen und der Gesamtleistung der Gruppe mit der Konsequenz, dass dies die künftige Messlatte wird.

Führung gewinnt an Bedeutung

In einer Fachstruktur wie der vorliegenden Projektorganisation gewinnt Führung deutlich an Bedeutung. Die Führungskraft muss hier einen deutlichen Teil ihrer Zeit investieren und auch auf manche operative Dinge, die man vielleicht gerne tut, verzichten.

(München, September 2004)

Praxisbeispiel einer Führungssituation im Cockpit eines Airbus

Peter Haenzel, Flugkapitän, Lufthansa AG, Frankfurt/M.

Ausgangssituation

Bevor ein Flug pünktlich den Hof verlässt, sind eine Vielzahl an Voraussetzungen zu schaffen und Bedingungen zu erfüllen, die zum großen Teil für den Kunden, aber auch für die am Prozess Beteiligten in ihrer Gesamtheit mitunter nur bedingt überschaubar sind.

Diese Prozesse sind dahingehend ineinander verknüpft, dass sie sich gegenseitig beeinflussen oder bedingen. Einige Beispiele hierfür sind: Beladung von Fracht und Gepäck, Einsteigevorgang der Fluggäste, Betankung, Reinigung, Catering, Enteisung, Klimatisierung, Technik, Flugplanung, Informationsmanagement Crewbriefing, Flugsicherung, Anschlussflüge, sicherheits- und betriebswirtschaftliche Aspekte.

Für all diese Einzelprozesse sind Einheiten verantwortlich, die ihrerseits wieder in für sie fremdbestimmende Organisationen eingebettet sind.

Besondere Herausforderungen

Aufgabe des Führenden, in diesem Falle des Flugkapitäns, ist es, diese Einzelprozesse in der Form zu koordinieren, dass ein sicherer, wirtschaftlicher, aber auch für alle Beteiligten als Erfolg empfundener Gesamtprozess entsteht. Diese Führungssituation ändert sich dabei ständig, da, wie oben beschrieben, alle Prozessbeteiligten in großem Maße „fremdgesteuert“ sind.

Die Kunst der Führung ist ähnlich wie die eines Navigationssystems im Auto, welches bei Abweichungen vom geplanten Weg immer und immer wieder einen neuen Optimalweg berechnet. Staus, Einbahnstraßen und Sackgassen inklusive! Erschwerend kommt hinzu, dass die Ansprechpartner bei jedem Flug andere sind. Man arbeitet nicht mit einem festen Team.

Schilderung der stets situativen Vorgehensweise

Strategische Prozessoptimierung ist in der oben geschilderten Situation und in aller Regel vor allem mittels eines Vorschlagswesens zu erreichen. Dabei geht es hier aber auch um taktische und situationsbedingte Führung. Wie kann man also unter den genannten Bedingungen ein Optimum im magischen Dreieck: Sicherheit – Wirtschaftlichkeit – Kunden- und Mitarbeiterzufriedenheit erreichen?

Die Antwort liegt vor allem in der Führung und das bedeutet: Führung von Menschen. Es geht hier um Führung von Menschen, die Organisationen angehören, auf die man aber keinen disziplinarischen Zugriff hat. Die Weisungsbefugnis beginnt und endet mit dem jeweils gegenwärtigen Prozess.

Jeder Mitarbeiter hat in seinem Bereich jedoch einen großen Spielraum. Den kann er für den Führenden und damit für den Prozess helfend oder hindernd einsetzen. Ein Beispiel hierzu: In der Gastronomie von Disneyland Paris sind die heimlichen Herren die Abräumer und Abwäscher. Sie können alles beschleunigen und auch alles lahm legen. In dem von mir geschilderten Fall bedeutet dies, dass jeder Arbeitsschritt höchstes Engagement fordert.

Darlegung relevanter Erfolgsfaktoren

Dieser Freiheit des Einzelnen ist der Führende weitgehend „bedingungslos“ ausgeliefert. Es ist dem Führenden auch nicht möglich, alle Beteiligten ständig minutiösen Anweisungen zu unterziehen und diese dann zu kontrollieren. Es geht also nur über den Menschen und dessen Motivation, dessen Willen, sich positiv zu beteiligen. Es ist die Aufgabe und die entscheidende Fähigkeit des Führenden, diesen Willen aktiv zu fördern. Oft ist es gerade diese Befähigung, die den erfolgreichen vom weniger erfolgreich Führenden unterscheidet.

Einen weiteren Erfolgsfaktor sehe ich darin, dass eine eindeutige und damit auch klare Führungsstruktur an Bord besteht. Die Führungsrolle des Kapitäns, gerade in komplexen Situationen, unterstreicht diese Notwendigkeit überdeutlich. Denn man hat festgestellt, dass „demokratische“ Prozesse in einer nicht mehr überschaubaren Phase nicht zum Erfolg führen.

Zwar ist jeder vorbereitet, jeder weiß eigentlich, was er wann zu tun hat, aber funktionieren tut es nur, wenn einer das Sagen hat. Das, was der Führende sagt, wird aber nur optimal umgesetzt, wenn er glaubhaft ist, wenn er auch menschlich für sein Team greifbar ist. Das ist meines Erachtens der mit entscheidende dritte Erfolgsfaktor.

Entscheidende Prinzipien/Leitideen

Eines meiner entscheidenden Prinzipien ist, wie schon angesprochen, die Motivation meiner Mannschaft. Durch *echte* Wertschätzung. Führung ist auch Respekt gegenüber den Untergebenen.

In Seminaren und Büchern werden Mechanismen der Motivation beschrieben. Der Geführte merkt jedoch sofort, wenn Seminarwissen angewandt und nicht gelebt wird. So betraue ich jeden Mitarbeiter mit einem Teilbereich und frage ihn, ob er diesen allein erledigen kann. Natürlich bitte ich ihn, Zwischenberichte und Erfolgsmeldungen zu geben. Selbstverständlich wird Hilfe angeboten, aber ohne sich dabei aufdrängen zu wollen. Wenn alles geklappt hat, gebe ich gerne Feedback, dass mein Vertrauen gerechtfertigt war. Wenn es nicht geklappt hat, frage ich zuerst nach den äußeren Umständen, die dazu geführt haben.

Lob richte ich dabei stets direkt an den Mitarbeiter. Menschen sollten nie „direkt“ – im Beisein Dritter – kritisiert werden, auch wenn dies mitunter schwer fällt, sondern primär bestehende Umstände oder auch Verhaltensweisen.

Jeder Flug stellt somit immer wieder eine neue Herausforderung dar, auf die ich mich immer auch in Richtung meines Teams entsprechend einstelle und motiviere, aber auch stets von Neuem vorbereiten muss.

(Frankfurt/Main, September 2004)

Praxisbeispiel einer Führungssituation im Bereich Führung globaler Teams

Heinz-Joachim Klöpping, Leiter Labour Relations, Leiter Personal Corporate Center & Divisional Functions Europe, Deutsche Bank AG, Frankfurt/Main

Ausgangssituation

Bedingt durch die fortschreitende Globalisierung der Finanzindustrie seit Mitte der neunziger Jahre des letzten Jahrhunderts stehen viele Manager weltweit operierender Finanzinstitute vor der Herausforderung, Mitarbeiter, die über den ganzen Globus verteilt sind, erfolgreich zu führen. Dies stellt ganz spezifische Herausforderungen an die Führungskräfte, aber auch an deren Mitarbeiter.

Besondere Herausforderungen

Kommunikation & Mobilität

Das Führen von globalen Teams setzt voraus, dass man die räumliche Distanz überwinden und sich unterschiedlicher Kommunikationsmedien bedienen kann. Neben persönlichen Gesprächen und Meetings bieten sich bilaterale Telefonate, Telefon- und Videokonferenzen an. Dennoch wird von den Managern globaler Teams ein erhöhtes Maß an Mobilität gefordert, was sich in stark erhöhter Reisetätigkeit ausdrückt. Der persönliche Kontakt zum Aufbau eines Vertrauensverhältnisses ist nicht durch Telefon- oder Videokonferenzen zu ersetzen und erfordert Flexibilität bei allen Beteiligten.

Sind die Mitarbeiter in Asien, Amerika und Europa angesiedelt, steigt der Kommunikationsaufwand erheblich, das Arbeiten über mehrere Zeitzonen hinweg bringt lange Arbeitstage mit sich, die eine gute Organisation des Tagesablaufes erfordern. Ein Manager, der in Europa ansässig ist, wird zwangsläufig vormittags mit Asien in Kontakt stehen und nachmittags mit Amerika.

Nur kurz ist an dieser Stelle zu erwähnen, dass durch die Führungsverantwortung für ein globales Team nicht selten das Privatleben beeinträchtigt wird, sei es durch umfangreiche Reisetätigkeiten oder durch Telefonate am Wochenende oder nach dem „Feierabend".

Sehr gute englische Sprachkenntnisse sind Grundvoraussetzung für eine erfolgreiche Zusammenarbeit. Zwangsläufig wird in globalen Teams Englisch gesprochen, was Mitarbeiter, deren Muttersprache nicht Englisch ist, vor besondere Herausforderungen stellt. Insbesondere bei Engländern und US-Amerikanern muss das Verständnis geweckt werden, dass andere Teammitglieder in der Regel eine Sprachbarriere zu überwinden haben. Nicht selten geraten Nichtmuttersprachler ins Hintertreffen. Dies gilt insbesondere für Präsentationen und Diskussionsrunden, die oftmals von Muttersprachlern dominiert werden, die somit auch die bessere Chance haben, ihre Ideen zu platzieren und durchzusetzen.

Führungsverhalten, interkulturelles Verständnis und Umgang mit Konflikten

Grundvoraussetzung für ein erfolgreiches Führen ist, dass die Führungskräfte willens sind, ihren eigenen Führungsstil zu überdenken und den globalen Erfordernissen anzupassen. Das Führen der Mitarbeiter wird einen großen Teil der täglichen Arbeitszeit in Anspruch nehmen und eigentliche Fachaufgaben werden in den Hintergrund treten müssen. Umso wichtiger ist es, dass die Führungskraft in ihren fachlichen Aufgaben qualifizierte Unterstützung aus dem Team erhält.

Besonders zu betonen ist das unterschiedliche Führungsverständnis und der Anspruch der Mitarbeiter an Führungskräfte. Während deutsche Führungskräfte ihren Mitarbeitern in der Regel sehr viel Freiraum lassen und nur informiert werden wollen, wenn (unvorhergesehene) Probleme auftauchen, wollen US-amerikanische oder englische Teammitglieder eng geführt werden, und dies möglichst auf Tagesbasis mit klarer Zielsetzung. Die Präsenz der Führungskraft vor Ort ist in regelmäßigen Zeitabständen zwingend erforderlich. Führung bedeutet in diesen Ländern das Leben der eigenen Vision und das Repräsentieren der eigenen Ideen. Eine prompte Reaktion auf ein Anliegen ist insbesondere in den USA nicht nur guter Umgangston, sondern Grundvoraussetzung für die Akzeptanz als Führungskraft. Das ständige in Kontakt stehen müssen empfinden viele deutsche Führungskräfte zunächst als ineffizient, da zu zeitaufwendig und zunächst nicht zielführend. Während die deutsche Führungskraft sich stärker fachlichen Fragstellungen widmen möchte, repräsentiert und delegiert eine angelsächsische Führungskraft im stärkeren Maße.

Eine erfolgreiche Zusammenarbeit in einem globalen Team ist nur möglich, wenn Führungskräfte und Mitarbeiter ein interkulturelles Verständnis entwickeln. Umfangreiche Schulungsmaßnahmen, die allen Teammitgliedern, die im internationalen Kontakt stehen, zu Gute kommen, sind unabdingbar für eine erfolgreiche Zusammenarbeit.

Ein besonderer Aspekt ist der Umgang mit Konflikten. Deutsche können Konflikte offen austragen und gegensätzliche Standpunkte losgelöst von der Person diskutieren. Dies ist in den USA, aber vor allem in UK nur sehr eingeschränkt möglich. Dort wird Kritik zunächst in erster Hinsicht als Affront der eigenen Person gegenüber empfunden. Deutsche Führungskräfte müssen diesbezüglich ihren Führungsstil überdenken und anpassen; sie müssen diplomatischer und vorsichtiger werden und ihren Wortschatz und Sprachgebrauch entsprechend anpassen. Ein schlichtes „Nein" kann insbesondere in UK starke Irritationen hervorrufen und Blockaden auslösen. Das Einfinden in die neue Rolle ist anfangs zeitaufwendig und erfordert Geduld. Adäquates Führungsverhalten und interkulturelles Verständnis sind Grundvoraussetzung für ein erfolgreiches Bestehen als Führungskraft mit globaler Verantwortung.

Aufbauorganisation globaler Teams

Die oben genannten Punkte beeinflussen zwangsläufig die Aufbauorganisation globaler Teams, die globale, aber auch regionale und länderspezifische Unterschiede in sich vereinigen müssen. Zunächst sollten Aufgaben und Prozesse analysiert werden. Nicht alle Prozesse sind global, sondern vielmehr müssen die einzelnen Länderspezifika auch weiterhin beachtet werden. Oftmals bietet es sich an, die globalen Prozesse auf ein Minimum zu beschränken. Das kann die Effizienz des Teams steigern, da langwierige und frustrierende Diskussionen über global einheitliche Standards, die dann oftmals wenig aussagekräftig sind, vermieden werden. Viele neu zusammengesetzte Teams verfallen zunächst dem Zwang, alles global zu regeln, um bereits nach kurzer Zeit festzustellen, dass dies nicht zielführend ist. Diese Aussage gilt insbesondere für Arbeitsgebiete, die durch starke rechtliche Begebenheiten dominiert werden, wie z.B. die Rechtsabteilung oder Personalabteilung eines weltweit operierenden Finanzinstitutes. Die Identifikation und die Vereinbarung innerhalb des Teams, was global behandelt werden sollte, können zeitaufwendig und frustrierend sein.

Geplante und realisierte Vorgehensweise

Kommunikation & Mobilität

Bei Übernahme eines globalen Teams sollte eine Führungskraft zunächst ihre Mitarbeiter vor Ort besuchen, um sich einen persönlichen Eindruck von ihren Mitarbeitern zu verschaffen.

Zeitnah bietet sich an, ein Offsite-Meeting durchzuführen, an dem alle Mitarbeiter, die länderübergreifende Funktionen ausüben werden, eine Chance bekommen, sich gegenseitig kennen zu lernen. Offsite-Meetings dienen dem Teambuilding und sollten idealerweise einmal jährlich wiederholt werden, um Kontakte aufzufrischen, die Ziele für das kommende Jahr festzulegen und Meilensteine zu setzen.

Führungskräfte/Führungsteams sollten sich spätestens alle drei Monate persönlich treffen, um aktuelle Themen zu besprechen und das Erreichen der Meilensteine zu überprüfen. Hierbei bietet es sich an, dass die Meetings immer in wechselnden Lokationen stattfinden. Ferner sollten einzelne Teammitglieder, die gemeinsam an Themen arbeiten, die Möglichkeit erhalten, sich gegenseitig zu besuchen.

Die Kontakte auf Tagesbasis kann eine deutsche Führungskraft mit ihren US-amerikanischen und englischen Mitarbeitern durch Telefonate pflegen. Das komplette Führungsteam sollte wöchentlich in Kontakt stehen. Dazu bieten sich Telefon- oder Videokonferenzen an.

Führungsverhalten, interkulturelles Verständnis und Umgang mit Konflikten

Aus Effizienzgründen ist es für eine global verantwortliche Führungskraft unvermeidbar, auf seine regionalen Manager zurückzugreifen. Aus diesem Grund ist wichtig, die regional verantwortlichen Führungskräfte mit entsprechenden Kompetenzen auszustatten, die es dem global verantwortlichen Manager erlauben, sich aus dem Tagesgeschäft weitestgehend rauszuhalten. Eine erfolgreiche regionale Managementstruktur setzt auf allen Führungsebenen ein gesundes Maß an Vertrauen voraus. Dies aufzubauen liegt vornehmlich in der Verantwortung der globalen Führungskraft.

Bereits bei Übernahme einer globalen Verantwortung bietet sich an, das Team zumindest im ersten Jahr in Fragen interkulturellen Verständnisses zu schulen. Es ist empfehlenswert, dass kulturelle Unterschiede anhand der globalen Aufgaben und Themenschwerpunkte, wie z. B. Führungsverständnis, Kommunikationsverhalten, Kundenverständnis etc., aufgearbeitet werden. Gemeinsame globale, ergänzt durch regionale, Workshops können dazu beitragen, gegenseitiges Verständnis zu fördern, Barrieren abzubauen und Absprachen über die zukünftige Zusammenarbeit zu treffen.

Ferner bietet sich an, dass eine Führungskraft, die erstmalig im Berufsleben eine globale Rolle wahrnehmen muss, durch ein persönliches Coaching auf solche Unterschiede aufmerksam gemacht und entsprechend geschult wird. Idealerweise bietet sich ein Trainer an, der Erfahrungen mit allen im Team vertretenen Kulturkreisen hat. Führungskräfte empfinden diese Art der Ausbildung teilweise als sehr zeitintensiv. Ein solides Fundament wird sich aber sehr schnell als nützlich erweisen und dazu beitragen, dass nach einer Eingewöhnungsphase die Dinge ruhiger und effizienter ablaufen. Globale Manager dürfen diesen Punkt nicht unterschätzen.

Bei Auftreten von Konflikten sollte darauf geachtet werden, dass diese soweit wie möglich im ursprünglichen Kulturkreis geklärt und nur in Ausnahmefällen auf globaler Ebene ausgetragen werden. In rechtlichen Fragen ist die global verantwortliche Führungskraft gut beraten, sich rechtlichen Beistands zu bedienen, um die richtige Wortwahl zu finden, aber auch ihr Führungsverhalten auf rechtliche Besonderheiten abzustimmen. Dies gilt insbesondere für die USA.

Aufbauorganisation globaler Teams

Um die Führungstätigkeit eines globalen Managers wie vorher bereits angesprochen zu verschlanken, sind effiziente globale und regionale Strukturen aufzubauen. Unabdingbar ist eine Führungsmannschaft, die die einzelnen Regionen des Teams repräsentiert und vom globalen Manager direkt geführt wird. Dabei sollte darauf geachtet werden, dass die Führungsmannschaft so klein wie möglich und so groß wie nötig ist. Nur dann kann über mehrere Kulturkreise hinweg ein effektives Arbeiten ermöglicht werden. Die Mitglieder eines solchen Steering Committee führen jeweils die Mitarbeiter in ihren Regionen und übernehmen vor Ort die Verantwortung. Dadurch können Sprachbarrieren und interkulturelle Unterschiede reduziert werden und die Führungsaufgabe des globalen Managers, insbesondere bei Auftreten von Konflikten, vereinfacht werden. Ein starkes regionales Management schafft Freiraum auf globaler Ebene.

Unvorhergesehene Ereignisse und deren Umgang

Ein kritischer Punkt für alle global verantwortlichen Führungskräfte ist die Freisetzung eines Teammitgliedes. Je nach hierarchischer Stellung des Mitarbeiters im Team ist es unvermeidbar, dass ein globaler

Manager involviert wird. Es ist unabdingbar, dass der global Verantwortliche seiner Führungsrolle gerecht wird und die Dinge regelt –

Abwesenheit wird unausweichlich als Führungsschwäche interpretiert. Allerdings ist es unbedingt erforderlich, dass die globale Führungskraft durch lokal ansässige Mitarbeiter aus der Personalabteilung unterstützt wird, um wirtschaftlichen und reputativen Schaden zu vermeiden. In solchen Situationen ist auch der persönliche Coach von unermesslichem Wert.

Sollte der globale Manager den Eindruck haben, dass die gewählten Kommunikationswege nicht zum gewünschten Ergebnis führen, sollten schnelle Änderungen herbeigeführt werden. Wenn eine monatliche Videokonferenz mit vielen Teilnehmern sich als ineffizient erweist, bietet sich z. B. eine wöchentliche Telefonkonferenz im kleineren Umfang an.

Relevante Erfolgsfaktoren

Die relevanten Erfolgsfaktoren beim Führen globaler Teams sind:

- Interkulturelles Verständnis innerhalb des Teams und Aneignung eines Führungsstils, der es dem Manager erlaubt, sich in den einzelnen Kulturkreisen erfolgreich zu bewegen

- Effektive Kommunikation und Meetings, die die Arbeit im Team unterstützen

- Effiziente Aufbauorganisation, die der Entlastung des global Verantwortlichen dient

Entscheidende Prinzipien/Leitideen

Eine Führungskraft muss, um erfolgreich zu sein

- Führungsstärke demonstrieren
- Vertrauen innerhalb des Teams aufbauen und
- Flexibel auf sich verändernde Rahmenbedingungen reagieren können

(Frankfurt/Main, Januar 2005)

Praxisbeispiel einer Führungssituation im Bereich Ausgliederung eines Unternehmens mit anschließender Verschmelzung

Hans Jürgen Werth, selbständiger Unternehmensberater, ehemals Geschäftsführer eines Konzern-Unternehmens, Gelnhausen

Ausgangssituation

Ein Unternehmen der industriellen Mess- und Regeltechnik wurde aus einem größeren artfremden Konzernverbund ausgegliedert, verselbständigt und anschließend mit einem übergeordneten Unternehmensverbund aus der Messtechnikbranche verschmolzen.

Bereits während dieser tief greifenden Aktionen in dem Unternehmen mit ca. 800 Beschäftigten wurden Kapazitätsanpassungen und Restrukturierungsmaßnahmen durchgeführt sowie Produktüberschneidungen mit dem Mutterkonzern bereinigt.

Betriebsbedingte Kündigungen mit Sozialplan waren notwendig.

Im zweiten Schritt galt es, das Unternehmen aus der Standortstruktur des ursprünglichen Konzerns herauszulösen und in einem bestehenden Standort (ca. 20 km entfernt) des neuen Unternehmensverbundes unter Wahrung der Eigenidentität einzugliedern.

Das zu verlagernde Unternehmen ist inhomogen; dies betrifft sowohl die Kundenstruktur als auch die Produktionsstruktur. Die Bandbreite reicht von:

- der Großserienfertigung für Automobilbau bzw. Erstzulieferer,
- der Serienfertigung insbesondere für den Kundenbereich Nahrung- und Genuss zu
- der Kleinserien- bis Einzelauftragsfertigung für die chemische Industrie.

Für den bisherigen Standort gab es ein klares Konzept der alternativen Verwendung für die frei werdenden Betriebsteile. Daraus resultierte ein hoher zeitlicher Druck für den Umzug, was die Diskussionen im Vorfeld sicherlich sehr positiv beschleunigte. Nicht mehr das „ob“ stand zur Debatte, sondern ausschließlich das „ wie“.

Selbstverständlich war die Chance eines Umzugs für die Betriebsleitung eine hochwillkommene Möglichkeit, bestehende unzulängliche Betriebsabläufe, die zum Teil auch baulich bedingt waren, maßgeblich zu verbessern, Wege zu reduzieren, Raumkapazitäten an zukünftige Erwartungen anzupassen, und und und.

Gleichzeitig war es unbedingt notwendig, das bisher erforderliche Spezialwissen der Mitarbeiter, sei es fertigungstechnisch, kundenbezogen oder ablaufbedingt, an den neuen Standort zu transferieren.

Sehr schnell stellte sich als zusätzliche Herausforderung heraus, die emotionale Bindung der Mitarbeiter an „ihren" alten Standort zu überwinden. Ganze Familiengenerationen haben dort gearbeitet, Fahr- und Sportgemeinschaften gebildet, von denen nunmehr ein Teil herausgelöst werden sollte.

Besondere Herausforderungen bzw. Zielsetzungen

Im ersten Ansatz wurde aus Geschäftsführung und 1. Leitungsebene (drei Produktbereiche) ein Team gebildet, welches den Bedarf am neuen Standort fixieren und die daraus resultierenden Umbaumaßnahmen steuern sollte.

Dieser Ansatz scheiterte schnell an zwei Problemstellungen:

1. Durch die gewachsene und damit verschachtelte bisherige Bausubstanz lag ein klarer räumlicher Plan über benötigte Grundflächen für Fertigung, Lager oder auch Büroraum nicht vor.

   Vorbedingung war die Neuaufnahme aller bisherigen irgendwie genutzten Flächen. Bewusst habe ich den Terminus „irgendwie“ eingefügt, denn die Unterscheidung zwischen genutzt und für den

Prozessablauf notwendig beanspruchte im Weiteren einen ganz maßgeblichen Zeitanteil.

2. Jeder Produktbereich ging von einer eigenen hohen Zuwachsentwicklung aus und setzte diesen Zuwachs auch im Raumkonzept fort. Darüber hinaus war schnell zu merken, dass jeder der Beteiligten versuchte, Randaktivitäten zum Nachbarproduktbereich zu forcieren. Galten bisher klare Grenzen für die Übergabepunkte für vor- oder nachgelagerte Produkte, wurde versucht, diese Grenzen jeweils für sich auszuweiten. Hatten wir bisher drei tangierende Produktbereichs-Kreise, so stieg mit der angestrebten Vergrößerung der Kreise insbesondere die Größe der Überlappung der Kreise, das heißt der sich überlappenden Schnittmengen.

Die Diskussionen führten zu einem sehr hohen Raumbedarf und damit erheblichen Investitionskosten, die das bisherige betriebliche Ergebnis keinesfalls rechtfertigen konnte. Kontraproduktiv war auch, dass jeder Beteiligte nur im anderen Produktbereich jeweils Einsparpotenziale sah, aber seinen eigenen Bereich bereits knapp kalkuliert haben wollte.

Man arbeitete auf die Rasenmähermethode hin, das heißt gleichmäßige Kürzungen in allen Bereichen durch die Geschäftsführung, wobei die Einsparpotenziale jeweils bereits zumindest zum Teil eingeplant waren.

Geplante und realisierte Vorgehensweise

Da dieses Vorgehen nicht zum Erfolg führen konnte, haben wir in der Geschäftsführung zwei grundsätzliche Organisationsentscheidungen getroffen:

a) Konsequente Segmentierung in nach den Kunden orientierten Produktgruppen

b) Beteiligung der 2. und 3. Führungsebene (trotz bestehendem Zeitdruck) in Konzeption und Durchführung

Für jede Produktgruppe waren Grundsatzfragen zu erarbeiten, z. B.: Wer entscheidet über unser Produkt beim Kunden, was soll unser Produkt können, was ist Mindestanforderung, was Maximalanforderung, oder wie ist die Preissituation am Markt, welche Preise sind durchsetzbar?

Dieses Vorgehen ist weder neu noch außergewöhnlich, es hatte jedoch den gewünschten Multiplikatoreffekt in der 2. und 3. Führungsebene. Dieses brachte einen Aha-Effekt des Projektes und entwickelte sich zum Selbstläufer. Ursache war Folgendes:

Nur in wenigen Fällen konnten die bisherigen Vertriebs- oder Anwendungstechniker oder Kundenbetreuer alle obigen Fragen ausreichend beantworten. Also entwickelte sich eine lehrreiche Diskussion mit den Kunden insbesondere aus Nahrung und Genuss sowie Chemie über ihre Produkte und Erwartungen und über unsere Produkte und die Erwartungen der Kunden an unser zukünftiges Produkt (im Automobilsektor ist diese Handlungsweise bereits üblich).

Für unsere Produkte resultierten daraus zum einen die Entstaubung von einigem Ballastfunktionen, die konsequente Ausrichtung auf die Kundenmindestanforderung sowie Zusatzanforderungen und die Entwicklung von gemeinsamen Produktideen.

Da dies in interdisziplinären Teams er- und bearbeitet wurde, wurde das bisherige Herrschaftswissen einiger Weniger nunmehr auf eine breitere Team-Basis gestellt. Die Vorherrschaft der bisherigen „Ingenieurlösung" für jedes Einzelproblem wurde stark reduziert.

Für Konstruktion, Produktion selbst der Abwicklungstechnik eröffnete sich eine neue ganzheitliche Sicht auf ihr Produkt und dessen Anwendung beim Kunden. Wir machten die Erfahrung, dass die Begeisterungsschwelle für diese kundenorientierte Zusammenarbeit bei unseren Mitarbeitern nicht durch alt oder jung, durch viele Betriebsjahre oder noch wenige geprägt war, sondern dass bisheriges Herrschaftswissen verallgemeinert, abgebaut, überwiegend sogar sehr in Frage gestellt wurde und die Mehrzahl der Mitarbeiter die Chance wahrnahm, umfassendes über Ihr Produkt zu lernen und damit in der Produktkette „kompetenter" zu werden.

Dieser Zugewinn an Wissen, Mitsprache und Gestaltungsrecht brachte deutlich mehr Motivation, als jeglicher geldlicher Zugewinn. Der Zugewinn überwog auch bei Weitem die vorerst geringere Motivation bei den bisherigen durch Herrschaftswissen geprägten Leistungsträgern.

Unvorhergesehene Ereignisse

Wie immer traten bei der Umsetzung dieses Verbreiterungsprozesses die eigentlichen Personalprobleme zu Beginn auf. Die bisherigen Leistungsträger sahen ihre herausgehobene Stellung gefährdet und ließen Ideen der neuen Arbeitsgruppen zum Teil bewusst ins Leere laufen nach dem Motto: „Ja wenn man uns gefragt hätte". Die laufende Unterstützung der Arbeitsgruppen wurde besonders wichtig. Der normale Kontrollmechanismus durch Vortrag der Arbeitsgruppenergebnisse reichte nicht aus, weil viele Gegenargumente der bisherigen Leistungsträger offensichtlich nicht in der Gruppenarbeit eingebracht wurden, sondern erst bei den Beschlusspräsentationen mit der Geschäftsführung fielen.

Die Geschäftsführung verstärkte in dieser Periode ihre Präsenz im Betrieb. Gesetz wurde, dass sich einer der Geschäftsführer täglich in einem kurzen Rundgang im Betrieb sehen lässt.

Kein Argument, wie voller Terminplan etc., wurde als Ausrede zugelassen.

Zuerst war die Reaktion der Belegschaft Aufgeschrecktsein; Pausen wurden unterbrochen, Aktivität wurde gezeigt, auch Scheinaktivität erzeugt. Die jeweiligen Abteilungsleiter kamen fast im Laufschritt, um uns „zu informieren". Sprachen wir Mitarbeiter direkt an, bemerkten wir, dass diese anschließend „befragt" wurden, nach dem Motto: „Was wollte der?"

Erst nach vielen Tagen wurden diese Rundgänge so alltäglich, dass die Mitarbeiter nicht mehr ihr Tun umstellten, also wenn Pause war, auch weiter Pause machten und unvoreingenommen Fragen beantworteten zur Technik, zu Problemen, später auch zu persönlichen

Problemen . Wichtig für uns war insbesondere die Frage: Was hindert sie, ihre Arbeit noch besser, schneller etc. zu machen?

Die hier gegebenen Antworten waren extrem produktnah und problemnah. Wir baten die Mitarbeiter, dies mit ihrem Vorgesetzten zu besprechen und fragten beim nächsten Rundgang konsequent das Ergebnis nach. Wir vermieden aber, die Vorgesetzten direkt darauf anzusprechen, um die Mitarbeiter nicht in Schwierigkeiten zu bringen. Der Mitarbeiter sollte sein Erfolgserlebnis haben und es wirkte.

Diese Präsenz der Geschäftsführung durch die Rundgänge im Betrieb steigerte das Vertrauen der Mitarbeiter in uns und unsere Pläne erheblich. Es wurden direkt an uns viele Fragen zum neuen Standort gestellt, die wir nach bestem Wissen beantworteten. Wir bauten Ängste ab, indem wir Termine anboten, an denen die neue Arbeitsstelle besichtigt werden konnte.

Diese Präsenz im Betrieb stärkte die Arbeit der Teams, da durch unseren häufigen Kontakt die Zahl der „Überraschungsprobleme“ in den Teampräsentationen mit der Geschäftsführung extrem heruntergeschraubt wurde und wir von der Effizienz der Teamarbeit überzeugt wurden. Da weder über Personen oder Zuständigkeiten diskutiert wurde, konnten optimiert durchgängige Segment- und Lieferketten aufgestellt werden.

Unsere weitere Forderung war, dass ein Raumkonzept zu entwerfen sei, in dem alle Segmentfunktionen in einer räumlichen Einheit angeordnet sein sollen. Das heißt, alle büronahen Tätigkeiten wie Konstruktion, Arbeitsvorbereitung, Vertrieb und Abwicklung sollen sich möglichst in einem Großraum befinden, der möglichst eng an die Fertigung anstößt nach dem Prinzip der kleinsten Wege.

Dies war eine Zeit der höchsten Unruhe während des ganzen Projektes, denn Großraum einerseits und Segmentierung sorgten für Mitarbeiterängste. Zwangsläufig blieb ein Kreis von Mitarbeitern übrig, deren Funktion entweder nicht einordenbar war oder für ein Segment nicht wichtig schien.

Darüber hinaus bestand natürlich ein deutlicher Hang der Mitarbeiter, sich möglichst im Vorfeld bereits für ein zukunftsweisendes Segment zu qualifizieren.

Diese erste Segmentierungszuordnung wurde durch eine detaillierte Ergebnisrechnung unter Berücksichtigung der Investitionskosten sowie der Raumkosten, Umzugskosten etc. unterstützt.

Bei drei Segmenten wurde deutlich, dass Personal- und Raumausstattung ergebnismäßig nicht verkraftbar ist; hier wurden vom Arbeitsteam Personalplan, Investitions- und Raumplan sukzessive angepasst.

Weder Geschäftsführung noch Personalabteilung hätte mit dieser Konsequenz leistungsschwache Mitarbeiter identifizieren können. Bei aller anfänglichen Skepsis gab es nur zwei Fälle, wo persönliche Dissonanzen die Ursache für die Fehleinordnung waren. Diese konnten in direkten Gesprächen ausgeräumt werden. In den anderen Fällen wurden die Mitarbeiter gemeinsam informiert und auf eine Warteliste gesetzt, Umqualifizierungsmaßnahmen eingeleitet oder auch die Trennung besprochen und umgesetzt.

Die Mitarbeiter haben das Verfahren in hohem Maße getragen, weil es transparent und offen durchgeführt wurde. Es wurde überdeutlich, dass unsere Mitarbeiter die Leistungsfähigkeit und Belastbarkeit ihrer Kollegen sehr gut einschätzen können, aber bei Fehlverhalten auch eine Konsequenz von Seiten der Führung verlangen.

Die so fixierten Segmentmannschaften (je 50 bis 110 Mitarbeiter) haben mit höchster Motivation die Planung für ihren Umzug ihres Segmentes vorangetrieben. Es entwickelte sich ein interner Wettbewerb, wer als Erster, Zweiter etc. umziehen darf.

Diese gesamte zweite Stufe dauerte ungefähr sechs Monate. In dieser Zeit hat sich der „Raumbedarf“ für den Betriebsteil gegenüber der ursprünglichen Planung halbiert; die bereitstehenden Fertigungsflächen haben nach anfänglicher Skepsis mehr als ausgereicht. Das Verwaltungsgebäude, welches vorher verdoppelt hätte werden müssen, blieb durch die fertigungsnahe Gestaltung zu einem Drittel leer und wurde untervermietet.

Parallel dazu wurde mit Geschäftsführung und Betriebsrat ein zweites Projekt gestartet, in dem die Infrastruktur aufgearbeitet wurde und die wesentlichen Eckpunkte der emotionalen Bindung an den alten Standort qualifiziert und quantifiziert wurden.

Dies waren zum Beispiel:

- Sind ausreichend Parkplätze vorhanden?
- Ist die Anbindung mit öffentlichen Verkehrsmitteln gegeben?
- Bestehen Pausenräume und Möglichkeiten für Mittagstisch?
- Wo ist die nächste Bank für Bargeldversorgung etc.?

Für den Parkplatzbedarf haben wir eine Reservefläche auf Bedarf angemietet; die Fläche wurde später nicht gebraucht.

Mangels guter öffentlicher Verbindung wurde für 1½ Jahre eine Busdirektlinie zwischen alten und neuem Werk eingerichtet. Die Nutzungsfrequenz hat innerhalb weniger Wochen erheblich nachgelassen und konnte auf einen Bus pro Tag reduziert werden. Die Mitarbeiter wurden an den Verbindungskosten beteiligt.

Für den Mittagtisch wurden ein Kantinenraum mit Tiefkühlkostaufbereitung eingerichtet sowie gleichwertige Gutscheine für benachbarte Gaststätten ausgegeben.

Für den Bankverkehr lohnte sich die Aufstellung eines Bankautomaten.

Ich erwähne diese Punkte, weil sie für das emotionale Empfinden der Mitarbeiter äußerst wichtig waren. Die Bearbeitung der Punkte und die konkrete Umsetzung haben die Erwartungsangst vor persönlichen Änderungen der Mitarbeiter deutlich reduziert. „Die“ nehmen unsere Sorgen ernst, das war eine wichtige Botschaft für uns.

Der Umzug wurde voll im Zeitplan umgesetzt. Der Produktionsausfall war kleinstmöglich, da der eigentliche Umzug jeweils an einem Wochenende mit der Anwesenheit fast aller Mitarbeiter abgewickelt wurde, das heißt jeder verpackte seinen Arbeitsplatz am Freitag, und räumte am Sonntag an neuer Stelle wieder ein. Natürlich gab es kleinere Probleme. Da die Verantwortung klar definiert war, lösten die Segmente schnell und pragmatisch dieselben und delegierten diese nicht nach „oben“.

Darlegung relevanter Erfolgsfaktoren

Zusammenfassend waren folgende Erfolgsfaktoren von ausschlaggebender Bedeutung:

- Klare Vision und daraus abgeleitete Aufgabenstellung durch die Geschäftsführung
- Umfassende Information der Mitarbeiter in Betriebsversammlungen
- Umfassende Kommunikation mit dem Betriebsrat
- Präsenz der Geschäftsführung vor Ort durch tägliche Betriebsrundgänge zur Information und Stärkung der Vertrauensbasis, Glaubwürdigkeit
- Motivation durch Einbeziehen der Führungskräfte aller Ebenen von Anfang an
- Zuordnung von Kompetenz, aber auch in die Pflicht nehmen der Führungskräfte
- Beachten der Kosten-Nutzen-Relation
- Praktikable Lösung geht vor Ideallösung
- Identifizierung mit dem Projekt und dem Erfolg
- Mut und Vertrauen in die Leistungsfähigkeit der Mitarbeiter

Als wichtigster Leitsatz war und ist für mich:

Geht nicht, gibt's nicht;

Es gilt dabei immer das einfache und damit wirkungsvolle Prinzip:

- **Ich will wissen, wie es geht, und nicht, warum es nicht geht oder gehen soll.**

Ein weiteres, für meine Arbeit wichtiges Prinzip ist, die Mitarbeiter nicht nur zur aktiven Mitarbeit zu motivieren, sondern auch zum „Mitdenken".

(Gelnhausen, Oktober 2004)

Praxisbeispiel einer Führungssituation im Bereich Personalberatung/Chemie

Dominik von Winterfeldt, Managing Partner, Boyden International GmbH, Bad Homburg v. d. Höhe

Es gibt zwei Dinge, auf denen das Wohlgelingen in allen Verhältnissen beruht. Das eine ist, dass Zweck und Ziel der Tätigkeit richtig bestimmt sind. Das andere aber besteht darin, die zu diesem Endziel führenden Handlungen zu finden.

Aristoteles

Einführung

Führen im Wirtschaftsumfeld heißt, den Kunden im Blick zu behalten, aber den Menschen in den Mittelpunkt zu stellen. Eine starke Führung dokumentiert sich durch klares Bekenntnis zu einer Vision, zu strategischen Zielen und Werten und zur Umsetzung der Absichten. Führen heißt, Herausforderungen zu begegnen, sie richtig einzuschätzen und dafür Lösungen zu finden, diese zu formulieren und so zu gestalten, dass es gelingt, Risiko und Leistung mit unternehmerischem Ertrag in ein vernünftiges Gleichgewicht zu bringen. In der Durchführung kommt es darauf an, Mut und Gelassenheit zu zeigen, lernfähig für Neues zu sein und das Vorstellungsvermögen in die Zukunft zu richten in dem Bemühen, im Team ein innovatives Klima zu entwickeln. Eine hohe Anpassungsfähigkeit und das Denken in ganzheitlichen Zusammenhängen spielen dabei eine große Rolle. Sonst schwinden die Einsicht und Bereitschaft zur ständigen Veränderung und die Fähigkeit, den Wandel zu gestalten. Eine offene Kommunikation über Absicht, Ziele und Ergebnisse des Handelns sind in einem zunehmend aufmerksamen, medialen und kritischen Umfeld unabdingbar. Entsprechender Kampfgeist, gepaart mit dem erforderlichen Durchhaltevermögen und der Entschlusskraft, die Dinge in Bewegung zu bringen und zu halten, sind dafür der Motor. Erfolg auf Dauer stellt sich jedoch nur ein, wenn man glaubwürdig spricht und handelt. Dies muss oberste Maxime bleiben.

Ausgangssituation

Es ereigneten sich innerhalb von sechs Wochen drei schwere Chemieunfälle im Unternehmen. Ein Betriebsführer kam dabei ums Leben; zwei Mitarbeiter in den betroffenen Betrieben wurden verletzt, einer davon schwer. Der erste Störfall, eine Verpuffung in einem chemikalischen Zwischenprodukte-Betrieb, hatte zur Folge, dass ein angrenzender Stadtteil in den frühen Morgenstunden des Monats Februar noch bei Dunkelheit mit einer weißen, klebrigen giftigen Chemikalie eingedeckt wurde, die durch ein (für die Vermeidung von Explosionen vorgesehenes) Sicherheitsventil in einer 20 Meter hohen Fontäne aus der Fabrik in die Luft entwichen und vom Wind ca. zwei Kilometer tief in die Werksnachbarschaft getrieben worden war. Die Alarmierung der Bevölkerung kam zu spät. Manche der Anwohner (Erwachsene, Schulkinder und auch Haustiere), die nichts ahnten und noch im Morgengrauen bei dämmrigem Licht das Haus verließen, kamen mit der Chemikalie in physischen Kontakt.

Als das Unglück in den folgenden Morgenstunden offenkundig wurde (anrückende Feuerwehr, Aufräumungsarbeiten im Werk und außerhalb, Benachrichtigung der Behörden, der Medien und Gesamtbelegschaft des Unternehmens, Radiodurchsagen, Flugblätter mit Verhaltensmaßnahmen vor Ort, Pressekonferenzen vor Ort, Einrichtung eines Sorgentelefons mit zahllosen Leitungen, Einrichtung eines Informationsstandes mit Fachberatung für die betroffene Bevölkerung, Informationsveranstaltungen im Stadtteil wie auch im eigenen Unternehmen), begann sich schon bald, unterstützt durch aktivistische Umwelt- und Ethikgruppierungen, eine druckvolle Aggression gegen das Unternehmen und seine Führung aufzubauen. Die anhaltende Medienberichterstattung in Bild, Print und Ton sorgte dafür, dass sich frühzeitig die Landes- und Bundesbehörden, vornehmlich das Umweltministerium, einschalteten und eine sofortige Aufklärung sowie schnellstmögliche Abhilfe verlangten, wie natürlich auch die Sicherstellung zukünftiger Vermeidbarkeit bzw. eines lückenlos funktionierenden Krisen- und Alarmierungsablaufplans. Schon stand der Begriff langzeitlicher Gesundheitsschäden für den betroffenen Stadtteil im Raum.

Wirkung

Das Unternehmen tat sich in den ersten Wochen sehr schwer mit dieser gravierenden Situation. Es kam hinzu, dass es von den zwei kurz darauf folgenden weiteren Chemieunfällen überrascht und in seiner Ursachenforschung zurückgeworfen wurde. Von Sabotage war bereits die Rede. Die entstehende Verzögerung in der Aufklärung wurde als absichtliche Verharmlosung gedeutet. Bevölkerung und Teile der Belegschaft sowie mit zunehmender Besorgnis sogar andere Unternehmen der Branche und Fachverbände konnten den Eindruck gewinnen, Technikbeherrschbarkeit, Risikovorsorge, persönliche Betroffenheit in der Unternehmensspitze und Glaubwürdigkeit seien in Frage gestellt. Das Selbstverständnis des Unternehmens war zutiefst erschüttert.

Besondere Herausforderungen/Zielsetzungen

Als Botschafter des Unternehmens (Stichwort Öffentlichkeitsarbeit) hatte nun meine Abteilung dafür zu sorgen, Vertrauen zurückzugewinnen und die Glaubwürdigkeit des Unternehmens wieder herzustellen. Eine langfristige Beschädigung unseres Namens musste verhindert werden. Es entstand daraus für mich eine prekäre Führungsverantwortung; hatte sich nicht nur außerhalb des Unternehmens, sondern auch in der Belegschaft, bis hinein in mein eigenes Team, der Zweifel ausgebreitet, ob die Unternehmensspitze Herr der Lage war und aufrichtig handelte.

Ein Führungsproblem von riskanter Brisanz war entstanden.

Vorgehensweise/Planung und Realisierung

Da ich nur dann glaubwürdig vor die betriebliche und externe Öffentlichkeit treten konnte, wenn mein Team und ich selber von der Richtigkeit des Vorgehens überzeugt waren, entschloss ich mich zu einer lückenlosen Aufklärung der kommunikativen Zusammenhänge, einer ungeschminkten und wahrhaftigen jeweiligen ad-hoc-Darstellung nach dem Stand der Erkenntnisse und – zu einem späteren Zeitpunkt – zur vollständigen dokumentarischen Aufarbeitung und Veröffentlichung der Ursachen und Folgen. Nur so konnten wir dem Sperrfeuer von Fragen, Sorgen, Anschuldigungen, Zweifeln und Anwürfen wie auch der unaufhaltsam rollenden medialen Beleuchtung standhalten und ich mich der tatkräftigen Mitarbeit meines Teams versichern.

Um es vorwegzunehmen: Es war ein fantastisches Team, und wir gingen gemeinsam durch Dick und Dünn.

Wir waren Tag und Nacht im Einsatz. Im Werk selbst wurde ein Lagezentrum eingerichtet und mit etwa 25 Experten besetzt. Auf deren Untersuchungen und technische Maßnahmenplanung konnte ich mich stützen. Als Chef der Unternehmenskommunikation berief ich regelmäßig jeden Tag morgens um 07.30 Uhr und abends um 19.00 Uhr Krisensitzungen in meiner Abteilung ein, um den Stand der Tagesereignisse und unsere kommunikativen Maßnahmen zu erörtern. Wir hatten Informationsstände außerhalb des Werkes eingerichtet, um der Bevölkerung vor Ort Präsenz zu zeigen, in Tuchfühlung und ansprechbar zu bleiben und auf alle ihre Fragen einzugehen. Man ging äußerst kritisch und zum Teil sehr aggressiv mit dem Unternehmen und – da wir an der vorderen Front standen – mit uns persönlich ins Gericht. Eine gewisse Häme bei den Umweltaktivisten war spürbar. Auch *Greenpeace*, mit denen ich bei anderen Gelegenheiten durchaus vernünftige Gespräche geführt habe, ließen sich zu einem in bekannter Manier inszenierten „Besuch“ in großer Zahl und in weißen Overalls am Werkszaun blicken, wurden jedoch diesmal erfolgreich am Übersteigen desselben gehindert.

Erfolgsfaktoren

Wenn sich in meinem Team ernsthafte Zweifel über die Rechtmäßigkeit des Vorgehens festgesetzt hätten, dann wäre eine glaubwürdige Kommunikation mit den übrigen Mitarbeitern im Unternehmen bzw. mit dem Umfeld überhaupt nicht mehr möglich gewesen. Es ging also darum, einen Weg zu finden, diese Glaubwürdigkeit wiederherzustellen.

- Als Erstes beriefen wir Mitarbeiter-Versammlungen auf allen Ebenen im Unternehmen ein, wobei die Linienverantwortlichen (Leiter der Geschäftsbereiche)

- von uns über den Fortgang der Ereignisse genauestens informiert wurden und dadurch ihren jeweiligen Mitarbeitergruppen ein Bild über den Stand der Ereignisse und Maßnahmen geben konnten.

- Zweitens wurden zu entsprechenden Intervallen Pressekonferenzen mit den Medien anberaumt, um den Stand der Ermittlungen und Folgemaßnahmen, soweit möglich zu diesem Zeitpunkt, bekannt zu geben und auf Fragen der Medienvertreter einzugehen. Diese Pressekonferenzen leitete folgerichtig der Vorsitzende des Vorstandes, also der Chef des Unternehmens, dessen Sprecher ich war.

- Als Drittes wurde parallel dazu eine Schiene der laufenden Kommunikation mit den Landesbehörden und Bundesbehörden eingerichtet, die ihrerseits genauso darauf angewiesen waren, zügig über die Weiterentwicklung der Krisenbewältigung von uns informiert zu werden. Das Gleiche betraf die Kommunalbehörden und Fachverbände.

- Lagezentrum und Informationsstände vor Ort blieben weiterhin in Aktion, wie auch das Sorgentelefon.

- Unbürokratische, auf der großzügigen Seite liegende Entschädigungszahlungen für eingetretene Schäden oder Verluste (zum Beispiel eine verschmierte Hauswand), versicherungstechnisch abgedeckt, wurden unverzüglich an Betroffene geleistet.

Diese Maßnahmen gaben meinem Team die Gewissheit, dass die Unternehmensführung an einer redlichen und schnellen Lösung der Probleme arbeitete, und wir konnten mit Überzeugung vor die Öffentlichkeit treten.

- Schließlich und letztlich, nach Ablauf einer geraumen Zeit, sind wir darangegangen, die Frage zu analysieren, welche Faktoren zum Gelingen der Kommunikation beigetragen hatten und welche vielleicht auch nicht. Wir nahmen dazu die Hilfe eines Kommunikationswissenschaftlers der Universität Mainz in Anspruch und legten eine vollständige, ausführliche Dokumentation auf, in der Ursache und Wirkung der Störfälle genauestens untersucht und dargelegt wurden.

- Das Unternehmen konnte damit unter Beweis stellen, dass es sich allen Fragen, auch der Kritik und Aggression betroffener Bevölkerungsteile und Medien gestellt hatte. Ferner, dass die materiellen Schäden sofort ausgeglichen wurden und eine Langzeitstudie über etwaige Gesundheitsschäden durch eine eigens dafür ins Leben gerufene neutrale wissenschaftliche Untersuchungskommission in Gang gesetzt worden war. Und schließlich, dass technische Maßnahmen getroffen worden waren, die nach menschlichem Ermessen eine Wiederholung eines solchen Störfalles ausschlossen und, sollte er trotzdem eingetreten sein, ein mit den Behörden abgestimmter neuer Alarmierungs- und Krisenablaufplan installiert war, der eine sofortige Kommunikation mit allen betroffenen Teilnehmern, intern wie extern, sicherstellte. Das Unternehmen durfte sich in der Öffentlichkeit wieder zeigen. Sein Ansehen war zwar noch nicht wiederhergestellt, so etwas dauert länger, aber seine Redlichkeit konnte ihm nicht abgesprochen werden.

Schlussfolgerungen für das Prinzip *Führung*

Woraus erwuchs der Erfolg, in der Krise richtig zu führen? Die Antwort führt mich an den Beginn meiner Ausführungen zurück: Wir haben den Menschen in den Mittelpunkt gestellt. Ehrlichkeit, Offenheit, Bereitwilligkeit standen im Vordergrund; die Bereitschaft zu dienen. Ich selber konnte meinem Team den Glauben an das eigene Unternehmen wiedergeben, indem ich das, was ich von jedem Einzelnen verlangte, bereit war, selber vorzuleben und dieses auch zu demonstrieren.

In den zehn Jahren Personalberatung, die ich seitdem erlebt habe, sind mir diese Erfahrungen ein wertvoller Ratgeber geblieben, denn in der Personalberatung geht es ganz unmittelbar um den Menschen: nämlich den richtigen Menschen in die vom Kunden gewünschte richtige Stellung zu bringen.

Ich bin meinen damaligen Mitarbeitern für diese Erfahrung noch heute dankbar.

(Bad Homburg, Juli 2004)

Handreichungen für eine erfolgreiche Führung

Wenn Einsichten zu neuen Ansichten führen, bestehen gute Aussichten. (GH)

Die sich in den letzten Jahren enorm veränderte Arbeitswelt erfordert ein gänzlich anderes Grundverständnis in der Beziehung von Arbeitszeit und so genannter Freizeit. So stellen wir einen Paradigmen-Wechsel in allen Lebensbereichen fest. Galt es noch vor kurzem, dass sich berufliche Anforderungen und persönliche Ziele relativ problemlos miteinander vereinbaren ließen, so besteht nun ein wachsender Konflikt zwischen der Bewältigung beruflicher Aufgaben und der Verwirklichung persönlicher Ansprüche bzw. Lebensziele.

Dies erfolgt zunehmend zu Lasten persönlicher Bedürfnisse wie auch beruflicher Neigungen. Die Gründe hierfür sind vielfältiger Art, einige davon sollen beispielhaft genannt werden:

- Die Grenzen zwischen Arbeitswelt und Privatsphäre werden zunehmend fließender und
- damit in der Konsequenz für viele immer weniger selbst steuerbar.
- Der Wegfall bestehender (institutionalisierter) Hierarchie-Strukturen in den Organisationen erfordert ein eigenes Führungs-Know-how und
- und damit eine verstärkte Führungsbefähigung im Umgang mit den Mitarbeitern, gerade vor dem Hintergrund sich ständig ändernder Anforderungen und Umfeldbedingungen.
- Der Entscheidungsdruck unter zunehmender Unsicherheit wird immer größer und damit

- von vielen Führungskräften als eine enorme Last empfunden.
- Die ständig steigenden Beschleunigungszeiten insbesondere hinsichtlich der Produktentwicklungen und Geschäftsprozesse erzeugen einen enormen Zeitdruck und damit
- eine Reduzierung an Möglichkeiten, den eigenen „Akku" rechtzeitig wieder aufzuladen.
- Verstärkt werden all diese Effekte noch durch eine überproportional wachsende Menge an Informationen mit der Folge:
- Die produktiven Zeiten hinsichtlich der erforderlichen Führungsaufgaben sinken insgesamt.

Diese wachsenden Anforderungen gerade für Führungskräfte verursachen häufig Belastungen, denen viele oft nicht oder nicht mehr gewachsen sind. Nicht von ungefähr sinkt die Motivation der Mitarbeiter gerade vor dem Hintergrund mangelnder Führung.

Nun kann man diese Situation bedauern, in ihren ursächlichen Zusammenhängen verifizieren und auch in epischer Breite schildern. Doch damit ist dem Einzelnen in seiner speziellen Situation nicht geholfen. Hinzu kommt, dass sich die oben beschriebenen Entwicklungstendenzen zunehmenden Zeit- und Kostendrucks auch im längerfristigen Zeitrahmen nicht vermindern werden.

Parallel hierzu werden sich die bestehenden Arbeitsformen und damit die Arbeitsbeziehungen insbesondere hinsichtlich:

- variabler Arbeitszeiten,
- diskontinuierlicher Berufsentwicklungen,
- virtueller Organisationsformen,
- befristeter Arbeitsbeziehungen,
- geringerer Verweildauer auf Führungspositionen,
- Telearbeit in Verbindung mit dem verlängerten Schreibtisch zu Hause

in einer Weise verändern, wie es sich viele derzeit noch gar nicht vorstellen können, was sie aber mit sehr hoher Wahrscheinlichkeit selbst erleben werden.

Nicht von ungefähr hat sich der Krankheitsfaktor Nummer 1 in den letzten drei Jahrzehnten so rapide verändert. Waren es früher noch die umweltbezogenen und ergonomischen Faktoren, wie beispielsweise: Lärm, Luft, Klima, Schadstoffe etc., die den Hauptanteil der Ursachen für berufsbedingte Krankheiten ausmachten, so sind heute die Hauptursachen zwischenmenschliche Beziehungen bzw. mentale Beanspruchungen.

> Dies, alles zusammengenommen, bedeutet im Rahmen von „Führung – sich und andere“, sich diesen Entwicklungen nicht zu verschließen, sondern gerade in Fragen der eigenen Personalführung bewusst vor Augen zu führen.

Denn wenn zum Beispiel die Arbeit mit solch starken Belastungsfaktoren, wie zuvor geschildert, verbunden ist, dass in der Regel am Montagmorgen schon an Freitagnachmittag gedacht wird, dann bedeuten die privaten Aktivitäten als vermeintlicher Ausgleich nur selten eine Verbesserung der individuellen (Un-)Zufriedenheit.

Denn bekanntlich kann jede Form der Arbeit bzw. jeder Arbeitsinhalt mit persönlicher Zufriedenheit einhergehen, unabhängig davon, um was es sich im Einzelnen handelt, ob unter Tage, an der Werkbank, am Schreibtisch oder am Bildschirm, immer wird es auf das „Wie“ ankommen. Das heißt konkret:

- mit welcher Einstellung,
- mit welcher Neigung und
- Befähigung die jeweils spezielle Aufgabe bewältigt wird,

führt zu persönlicher Zufriedenheit.

Diese Grundvoraussetzung zufriedener Arbeit wird häufig übersehen, nicht mehr wahrgenommen oder mit einer Handbewegung als veraltet abgetan, da man sich damit bewusst oder unbewusst nicht auseinander setzen will. Denn dies bedeutet gleichzeitig ein Hinterfragen eigener Positionen oder Ziele, was für manche oft zu einem inneren Leerfeld führt. Denn gerade Führungskräfte werden tendenziell immer mehr zu Zuschauern ihres eigenen Berufslebens, oft gekoppelt mit der selbst installierten Illusion, eines Tages wird sich diese Mühe bestimmt auszahlen.

Doch wie kann man sich aktiv diesem angeblichen Automatismus entziehen, bzw. welche Wege erfolgreicher Führung können selbst gestaltet werden?

Empfehlungen bzw. Handreichungen hierauf werden in den folgenden Abschnitten sukzessive entwickelt und in ihrer Anwendbarkeit dargestellt.

Der eigene Schlüssel

Der Schlüssel zum erfolgreichen Führen liegt in erster Linie in einem selbst:

- seinen realistisch eingeschätzten Fähigkeiten,
- seinen Neigungen im Umgang mit den Menschen, und vor allem in
- seinem Willen zur Umsetzung bzw. Realisierung gesteckter Ziele sowie
- in der Bereitschaft und Fähigkeit, Verantwortung zu übernehmen.

Dies gilt in zweierlei Hinsicht:

- sowohl für die eigene Führung im Sinne von Selbst-Steuerung, organisieren, planen und adjustieren
- als auch für die Führung anderer,

und zwar im gleichen Maße, verbunden jedoch mit einem hierfür erforderlichen Grundverständnis, dass Führung anderer eine nicht leicht zu bewältigende Aufgabe darstellt, die viel mit Arbeit und Bereitschaft zum Lernen zu tun hat.

Es ist zum Beispiel ein Irrglaube zu meinen, die Führung eines Teams sei in einem Team-Entwicklungs-Seminar erlernbar. Es mag zur Standortbestimmung hilfreich sein und gibt durchaus die Möglichkeit zur einen oder anderen Korrektur hinsichtlich der eigenen Sichtweise bzw. dem eigenen Verhalten, doch reicht dies in der Regel nicht aus.

Dies trifft besonders dann zu, wenn einzelne, aber entscheidende Grundvoraussetzungen seitens der (potenziellen) Führungskraft nicht erfüllt werden. Beispielsweise kann sie zwar ihre Mitarbeiter auf besondere Weise motivieren, ihnen aber kein arbeitsorganisatorisches Handwerkszeug – im wahrsten Sinne des Wortes – an die Hand geben, weil sie selbst nicht darüber verfügt. Dann steht eigentlich von vornherein fest, dass die eingebrachte Führungsleistung zu keinem optimalen Ergebnis führen kann.

Und hier schließt sich der Kreis zu der eingangs aufgestellten Arbeits-Hypothese: „Nur wer sich selbst führen kann, kann auch andere führen".

Häufig weiß man im Arbeitsumfeld einer Führungskraft um diese Problematik Bescheid. Um im Beispiel zu bleiben, heißt es dann oft, „er kann seinen Laden einfach nicht in Ordnung halten" und programmiert damit Unproduktivitäten in Form von Doppelarbeiten, unpünktlichen Lieferungen etc. Aber zum Zeitpunkt der Entscheidung, wer das Team leiten oder die Projektgruppe führen soll, wurde dieses Wissen sozusagen ausgeblendet. Häufig heißt es dann, es gab keinen Besseren. Dagegen ist dann nichts einzuwenden, wenn zum Beispiel die Konsequenz gezogen wird, erkennbare Defizite zeitverträglich abzubauen.

Im vorgenannten Fall könnte dies in drei Schritten erfolgen:

- Abgleich zwischen den Anforderungen der Aufgabenstellung und vorhandenen Fähigkeiten
- Erlernen von erprobten Arbeits-Methodiken und praktischem Anwenden am Arbeitsplatz
- Entwicklung einer veränderten (produktiveren) Arbeitszeit, respektive Einstellung

Denn dann besteht auch eine echte Chance, die gesteckten Ziele erfolgreich zu erreichen. Dies habe ich in all den Jahren meiner Berufstätigkeit in überaus positivem Sinne erlebt. Natürlich war dies mit zusätzlicher Arbeit und dem Abbau von Widerständen verbunden, was dem Einzelnen mitunter nicht leicht fällt. Aber, um weiter im Beispiel zu verbleiben, konnte in den praktischen Fällen aufgezeigt werden, dass der eingetretene Erfolg durch das Aneignen produktiver Arbeitsmethoden und effizienten Umgang mit dem Zeitfaktor die Mühen um ein Vielfaches übertraf. Im Bedarfsfall wird sogar die Wirtschaftlichkeitsberechnung in Form von „Tatsächlichem Aufwand im Verhältnis zu den (zurechenbaren) Opportunitätskosten“ erstellt, was naturgemäß die Akzeptanz wesentlich erhöht.

> Und genau hier trifft einer meiner entscheidenden Ansätze zu. Nämlich ausgehend von der Tatsache, dass circa 60 % der Führungskräfte über keine (eigene) effiziente Arbeits-Organisation verfügen, besteht gerade hierin ein ungeheueres Potenzial, das eingangs geschilderte Dilemma auf merkliche Weise zu reduzieren.

Damit wird das Segment Arbeits-Organisation, das zuvor in Kapitel 5 (Führung auf den Punkt gebracht) vorgestellt wurde, direkt angesprochen, das an dieser Stelle nun in Verbindung mit Handlungsempfehlungen konkretisiert wird (Abbildung 12):

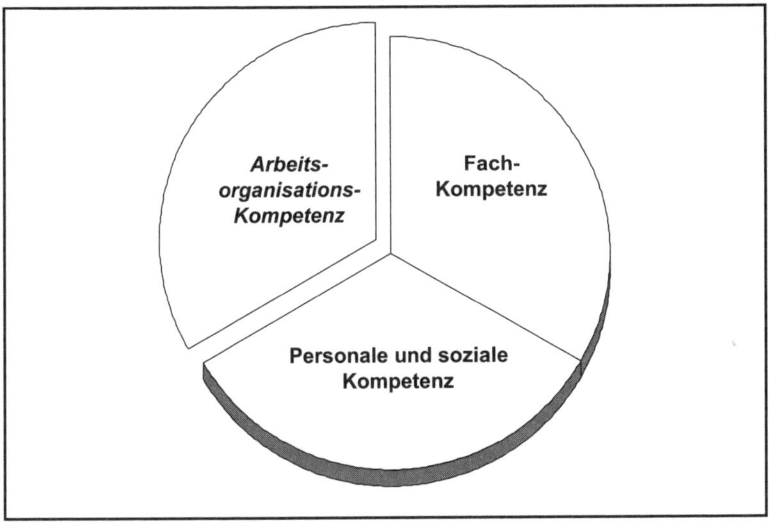

Abbildung 12: Schwerpunkt Arbeits-Organisation

Die im Folgenden beschriebenen Handreichungen sind nicht als fertige Rezepturen zu verstehen, sondern als Empfehlungen, die nur in den individuellen Anwendungen ihre genaue Passform erhalten.

Arbeitsorganisation – Handreichungen und Empfehlungen

Bei aller Betonung praktischer Anwendungsmöglichkeiten, die in diesem Kapitel im Vordergrund stehen, bedarf es als Erstes einer gewissen Systematik hinsichtlich:

- der ausgewählten Schwerpunkt-Themen sowie
- Kurzdarstellung des methodischen Ansatzes,

um damit unter anderem die erforderliche Transparenz herzustellen.

Zunächst zum methodischen Ansatz, der in der folgenden Abbildung 13 als Formel dargestellt wird.

G	≅	**G**rundsätze/Prinzipien
+		
A	≅	**A**rbeitsmethoden
+		
T	≅	**T**ools/Arbeitsmittel
GAT	≅	**Erfolgreiches Konzept zur eigenen Arbeitsorganisation**

Abbildung 13: Bausteine eigener Arbeitsorganisation

Was ist darunter nun konkret zu verstehen?
Zunächst zu den Grundsätzen:

G = Grundsätze	**Praktische Beispiele**
1. **Ziele setzen** – mit zeitlichem Bezugsrahmen hinsichtlich	≺ Fachlicher Art/Aufgabenstellung ≺ Fragen der Mitarbeiter-Führung ≺ Eigener Entwicklungsziele
2. **Planung herstellen** – nach dem Pareto-Prinzip	≺ Tages-/Wochen-/Jahresplanung ≺ Prioritäten setzen ≺ Antizipieren erkennbarer Entwicklungen
3. **Schriftliches Formulieren** – in Stichworten und mit geringem Zeitaufwand	≺ Konzentration auf das Wesentliche ≺ Mit planbaren Zeiträumen „versehen" ≺ Ideal zu eigenen Kontrollzwecken
4. **Disziplin praktizieren**	≺ Fahrplan erstellen ≺ Überprüfen gesteckter Ziele ≺ Wandel aktiv betreiben
5. **„Raum" lassen**	≺ Regenerationszeiten einbauen ≺ Verantwortung delegieren ≺ Meinungsbildungsprozesse fördern

Abbildung 14: Praktische Beispiele von Grundsätzen

Was kann dies nun im Einzelnen konkret bedeuten, bzw. welche positiven Konsequenzen können sich daraus ergeben? Einige Beispiele hierzu in der folgenden Abbildung:

GAT ≅ Erfolgreiches Konzept zur eigenen Arbeitsorganisation

G = Grundsätze	Konsequenzen
1. Ziele setzen	▪ Bis zu 50 % nachweislich größerer Erfolg ▪ Zielerreichungsgrad wird erst damit im Zeitverlauf (aktiv) steuerbar
2. Planung herstellen	▪ Steigerung der Produktivität ▪ Generelle Erfahrungssätze im Ø: Kaum Planung ➔ 50 % Reparatur Erforderliche Planung ➔ 10 % Anpassung
3. Schriftliches Formulieren	▪ Konzentration auf das Wesentliche ▪ Unterstützt merklich iterative Prozesse
4. Disziplin praktizieren	▪ Erhöht inneren Antrieb ▪ Indikator für Professionalität
5. „Raum“ lassen	▪ Integraler Bestandteil im Denken und Handeln ▪ Erhöht eigene Autonomie

Abbildung 15: Praktischer Nutzen eigener Grundsätze

Kommen wir nun zu „**A = Arbeitsmethoden**“, die anhand von drei Ansätzen beispielhaft konkretisiert werden sollen:

1. Ansatz:
Umgang mit der Zeit/setzen richtiger Schwerpunkte

2. Ansatz:
Kampf den Zeitfressern in drei Schritten

3. Ansatz:
Transparentes Organisationssystem

Als wichtigster Ansatz ist der effektive Umgang mit dem Faktor Zeit zu nennen, und zwar resultierend aus der bekannten, einfachen Definition:

Leistung = Arbeit pro Zeiteinheit

Eine zwar auf den ersten Blick einfache Darstellung bzw. Gleichung, aber bei genauerer Betrachtung einzelner Führungssituationen eine Erkenntnis, die oft diametral zur Realität gesehen wird. Denn somit könnte es nicht zu folgenden Ergebnissen kommen, die sich in mehrfacher Hinsicht bestätigt haben:

Aufteilung der täglichen Arbeitszeiten von Führungskräften in Durchschnittswerten

	Studien (in %)	**Praktisches Einzelfall-Beispiel** (in %)
Verwaltungsaufgabe Organisation/Logistik	35	15
Sitzungen, Meetings etc.	25	40
Nicht-Delegation	20	10
Passive Aufsicht	15	20
Führungsaufgaben	5	15

Abbildung 16: Tägliche Arbeitszeit und ihre Verteilung (Studienergebnisse/Praxisbeispiel)

Aufteilung der täglichen Arbeitszeiten – Ist-Situation versus Soll-Situation eines praktischen Fallbeispiels

	Eigene Einschätzung Ist in %	Eigene Einschätzung Soll in %
Verwaltungsaufgabe Organisation/Logistik	15	15
Sitzungen, Meetings etc.	40	30
Nicht-Delegation	10	10
Passive Aufsicht	20	20
Führungsaufgaben	15	25

Abbildung 17: Soll-/Ist-Vergleich der täglichen Arbeitszeiten (Praxisbeispiel)

Ein praktischer Lösungsansatz war in diesem Fall, unter anderem die Teilnahme-Zeiten an Sitzungen/Meetings zu straffen zugunsten eigentlicher Führungsaufgaben, was in kürzester Zeit sehr positiv von den davon betroffenen Mitarbeitern wahrgenommen wurde.

Dass im Einzelfall die genannten Werte stark variieren, ist selbstverständlich, zeigen doch die Bandbreiten gerade im Bereich „Führungsaufgaben" eine enorme Bandbreite von 2 % bis 30 %.

Der Wunsch vieler Befragter deshalb lautet: die oben genannten Zeitwert-Anteile müssten eigentlich genau umgekehrt sein, nämlich Führungsaufgaben mit relativ großem Zeitanteil. Hierin liegt mit eine Erklärung, warum mangelnde Führung so überaus stark von den Mitarbeitern erfahren wird. Die Zeit dafür ist einfach „nicht vorhanden", sondern anderweitig schon vergeben. Ein einfaches Aufschreiben der eigenen Zeitverteilung verdeutlicht dies sofort und wird auch in einem späteren Abschnitt verifiziert.

Hier nun der **1. Ansatz: Umgang mit der Zeit/Setzen richtiger Schwerpunkte:**

- Aufteilung der verfügbaren Zeit (empfehlenswert ist Tag/Woche) in die vier Kategorien: Wichtig/Dringend – Wichtig – Dringend – Unbedeutend
- Den eigenen Arbeitsrhythmus in den Arbeitsablauf integrieren
- Produktive Pausen nutzen
- Unwägbarkeiten antizipieren und anhand von Erfahrungswerten mit berücksichtigen
- Einbau eigener Präferenzen hinsichtlich der zeitlichen Verteilung

2. Ansatz: Kampf den Zeitfressern – generelle Erfahrungswerte sind hierbei:

- Alles selber machen wollen
- Hang zum Perfektionismus
- Telefonische Störungen/Unterbrechungen bei wichtigen/dringenden Aufgaben
- Aufschieben von unangenehmen Themen
- Nichteinhalten von Terminvereinbarungen
- Enorme Überziehungen von vereinbarten Zeitrahmen
- Unkoordinierte Meeting-Kultur
- Lesen von Unterlagen
- Aus- bzw. Überbuchen des Termin-Kalenders
- Nicht ausreichendes Einbeziehen von beispielsweise Wege- oder Vorbereitungszeiten

Dabei spielt auch oft eine Rolle, inwieweit man auch „Nein“ sagen kann – zumindest in qualifizierter Weise. Dabei gleichzeitig jedoch anbieten, einen für beide Seiten passenden Termin zu vereinbaren.

Jetzt wird man bestimmt einwenden: „Aber das geht doch gar nicht“. Immer dann, wenn mir diese Aussage entgegengehalten wird, und dies geschieht oft, treffe ich folgende Vereinbarung: Im Rahmen von individuellen Optimierungsmaßnahmen zwecks produktiver Arbeitsorganisation wird es uns gemeinsam in einem überschaubaren Zeitrahmen gelingen, identifizierte Zeitfresser um mindestens 10 % und mehr, je nach individueller Situation, zu kürzen.

Diese Vereinbarung wird fast immer als nicht realisierbar eingeschätzt, aber nach Ablauf der vorgesehenen Zeit kann sehr wohl festgestellt werden, dass die Erwartungen weit übertroffen werden.

Doch wie kann dieses jeweils überaus positive Ergebnis erzielt werden? Diese Frage soll anhand von drei Schritten beantwortet werden.

1. Schritt
Im ersten Schritt wird der Prozess in seinen Bestandteilen, Umfang und Inhaltsausrichtung festgelegt. Ein praktisches Beispiel zeigt Abbildung 18.

2. Schritt
Im zweiten Schritt erfolgen die Standortbestimmung und Analyse, zum Beispiel anhand folgender Maßnahmen:

- Persönliche Einschätzung der Aufgabensituation
- Interview zu ausgewählten Problemstellungen im Rahmen der gestellten Aufgabe
- Genaue, aber praktisch einfach handhabbare Erfassung der einzelnen (täglichen) Arbeitsschritte (ohne zusätzlichen Zeitaufwand!)
- Bestimmung der eigenen Leistungskurve im Tagesverlauf
- Bewertung der Aufgaben-Schwerpunkte zeitlich, auch qualitativ nach einem gemeinsam festgelegten Raster

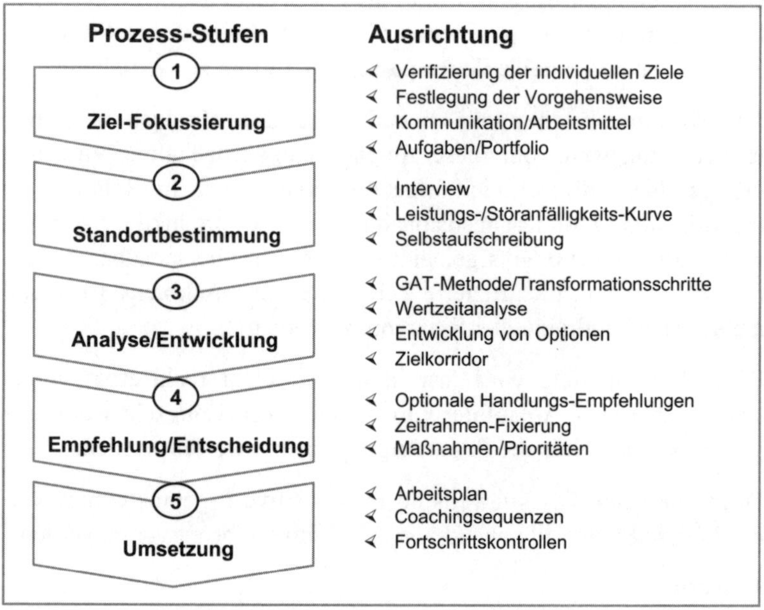

Abbildung 18: Prozess-Stufen zur Verbesserung der eigenen Arbeitsorganisation

Überraschend dabei sind immer wieder die Erkennungsmerkmale und Lerneffekte für die eigene Arbeitsmethodik, was häufig von vornherein für nicht möglich gehalten wird. Ein praktisches Beispiel (Abbildung 19) soll dies verdeutlichen.

Im Rahmen der Analyse und eigenen Bewertung des Betreffenden ergab sich dann Abbildung 20.

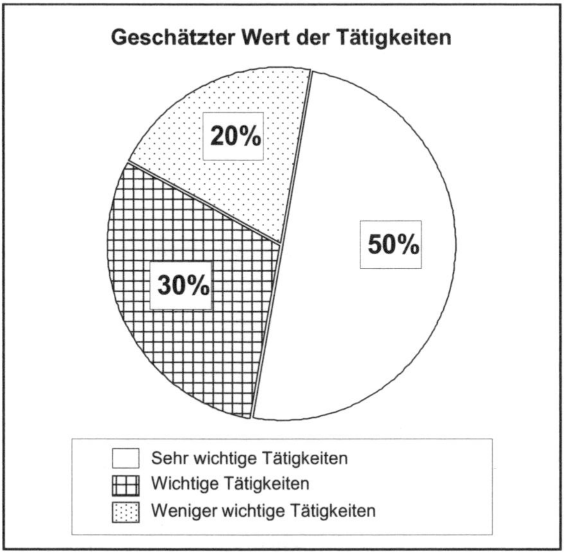

Abbildung 19: Geschätzte Zeitverteilung

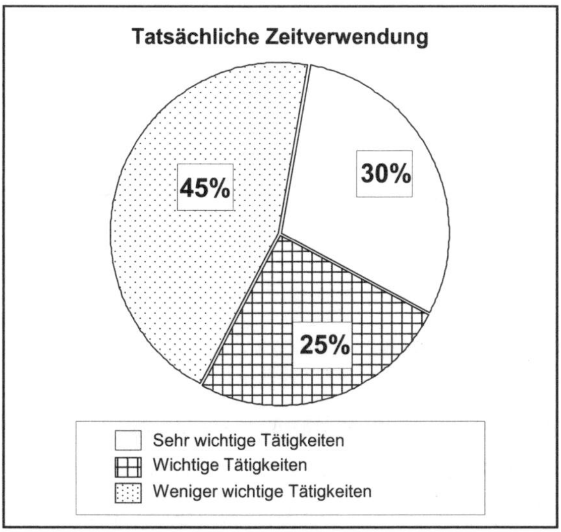

Abbildung 20: Tatsächliche Zeitverwendung

3. Schritt
Im darauf folgenden dritten Schritt ging es darum, gemeinsame Wege und Methoden zu finden, um das vorhandene Potenzial an Produktivität in der eigenen Arbeit, und damit ein Wachsen eigener Zufriedenheit, zu heben. Was letztlich die entscheidende Voraussetzung für eine eigene Weiterentwicklung darstellt.

Und hier bestätigt sich in nachhaltiger Weise der Grundsatz: Erfahrung ist durch nichts zu ersetzen, und die kann bekanntlich nur durch eigenes Lernen in produktiven Arbeitsweisen umgesetzt werden.

Doch wie können solche Umsetzungsschritte konkret aussehen? Einige praktische Beispiele sollen die Antwort hierzu geben:

- Arbeitsziele zur Verbesserung in der eigenen Arbeitsmethodik
- Planungssystem für Wochen-, Monats- und Jahreszeitraum mit wichtigsten Aufgaben entwickelt und schrittweise eingesetzt
- Realisierung der einzelnen Bausteine der zuvor beschriebenen GAT-Methode
- Das bestehende Organisationssystem auf die neue Arbeitsmethodik umstellen
- Eine Ordnung auf/im Schreibtisch und Büromobiliar, unter anderem verbunden mit der Eliminierung eines ständig selbst produzierten „Unzufriedenheitsfaktors“, indem der Schreibtisch von „Überflüssigem“ befreit wurde
- Markante Zeitfresser wurden definiert und aktiv angegangen
- Geeignete Arbeitsmittel wurden ausgewählt und in die eigene Arbeitsmethodik integriert einschließlich der PC-Nutzung
- Naturgemäße Rückschläge, bedingt durch das hohe Verharrungsvermögen lieb gewonnener Gewohnheiten, als Chance zu nutzen

Bei allen Arbeiten zeigt sich immer wieder, dass zwar Prinzipien, gewisse bewährte Arbeitsmethodiken und (bekannte) Arbeitsmittel, wie zum Beispiel Arbeitsmappe mit Zeitplaner, hilfreich sind, aber immer einer individuellen Umsetzung bedürfen. Bedingt vor allem durch beiden Komponenten:

- Jeder hat eine individuelle Veranlagung und Präferenzstellung im Umgang bzw. Handling arbeitsorganisatorischer Anforderungen.
- Das Beharrungsvermögen ist immer unterschiedlich ausgeprägt.

Nun zum **3. Ansatz** – transparentes Organisationssystem.

Zur Erfüllung der Aufgaben, unabhängig ob Führungskraft oder nicht, sind Werkzeuge erforderlich, um letztlich damit auch die eigene Arbeitsorganisation effektiv zu gestalten. Und dabei handelt es sich nicht in erster Linie um ein betriebswirtschaftliches Instrumentarium wie Controlling- oder Management-Informationssysteme, sondern um schlichtes Handwerkszeug zur Gestaltung der täglichen Arbeit und Arbeitsplanung.

Um welche Arbeitsmittel kann es sich dabei handeln?

Konkret sollen nun einige Arbeitsmaterialien (im weitesten Sinne) und ihre Anwendungs-Möglichkeiten genannt werden. Doch zunächst ein praktischer Fall hierzu:

Wer kennt diese Situation nicht bzw. hat sie noch nicht erlebt: Etwas Wichtiges wird dringend von zwei Mitarbeitern gesucht, der Terminplan ist nicht greifbar, das letzte aktuelle E-Mail liegt irgendwo ausgedruckt, und außerdem fehlen die letzten beiden Protokolle für die nächste Sitzung, die in fünf Minuten stattfinden soll. Ach ja, das Telefon klingelt natürlich noch drei Minuten vor Beginn der Sitzung, ein anderer Teilnehmer möchte gerade noch etwas vor der Sitzung abstimmen.

Ergänzt sei noch die Tatsache, dass die betreffende Führungskraft in diesem Fall zehn Minuten zu spät kam, elf Teilnehmer erwartungsvoll die zehn Minuten verstreichen lassen mussten und in der Summe insgesamt 120 Minuten = 2 Stunden wertvoller (teuerer) Arbeitszeit verloren gingen.

Dieses oft anzutreffende Beispiel zeigt sehr deutlich, dass der Umgang mit der Zeit, der eigenen wie auch der fremden, oft in keinster

Weise verantwortungsvoll ist. Aber aufgrund allgemeiner Gepflogenheiten dem nicht merklich entgegengewirkt wird. Nun ist das aber kein Natur-Gesetz, dem man zwangsweise ausgeliefert ist. Sondern einige wichtige Arbeitsmittel können hierbei Abhilfe leisten, vorausgesetzt man will wirklich etwas verändern, auch wenn damit lieb gewonnene Gewohnheiten über Bord gehen müssen.

Einige Arbeitsmittel im Überblick und ihre Anwendungsmöglichkeiten:

- Einsatz eines Arbeits-Handbuches im Sinne eines „Bord-Computers“ mit allen relevanten Punkten, beispielsweise mit Termin-Kalender, Jahresplanung, Aufgaben/Zielsetzungen, relevante Informations-/Kenn-Daten, Notizen → stets griffbereit und immer aktuell

Ein Beispiel für eine Tagesplanung:

Tagesplanung

Uhrzeit	Termine	Vorbereit.	Kommunikation					Notizen	Status	
			☎	🖷	◯	◆	✉		Vermerk	✓
08.00										
09.00										
10.00										
11.00										
12.00										
13.00										
14.00										
15.00										
16.00										
17.00										
18.00										
19.00										
20.00										

Anmerkungen:

- Einsatz von Arbeits-/Formblättern zur Strukturierung immer wiederkehrender Arbeitspunkte zwecks Zeitersparnis durch Wegfall wiederholter „Reproduktionszeiten“, beispielsweise von Tagesplänen, Zielkatalogen, Aktivitätenplanung mit Prioritäten mit Zeitraster oder Protokoll-Raster.
  Zwei Beispiele hierzu:

Aktivitäten-Planung für:

Datum	Aufgabe / Maßnahmen	Priorität			Anmerkungen	Zeitrahmen		Status
						von	bis	

Ergebnisprotokoll/Kurz-Protokoll/Vermerk

Datum:		**Themen-/Aufgabenstellung**	**Period. Vermerk:**
Teilnehmer:			W.V.: ______
			Ablage ______
Anlass:			Weitergabe: ______

Nr.	Themen-/Besprechungspunkte	Ergebnisse / Maßnahmen	Termin

Anmerkungen:

- Einsatz von Checklisten für ausgewählte Aufgabenstellungen, Themen-Vorbereitungen, Arbeitsbesprechungen oder Meetings
- IT-Nutzung im Rahmen der Kommunikation und Information sowie Archivierung, jedoch mit einer transparenten und einfachen Handlungs-Struktur → Hinweis: In der Regel erhöhen sich der Zeit- und Arbeitsaufwand, wenn hierzu keine Anwendungs- und Nutzungsregeln bestehen.

Häufig wird gerade dieser Aspekt für eine produktivere Arbeitsorganisation unterschätzt, nämlich mit welchen Arbeitsmitteln bzw. welchem Handwerkszeug und in welcher Art damit umgegangen wird.

Messbarkeit eigener Arbeitsproduktivitäten

Wie in Kapitel 2 im Allgemeinen ausgeführt wurde, sind Führungsleistungen messbar. Dies gilt in besonderer Weise für die Arbeitsorganisation, ganz unabhängig davon, ob es sich um Fragen des Selbstmanagements oder um Personalführung handelt. In Fragen der Mitarbeiterführung ist der negative Multiplikator-Effekt unproduktiver Arbeitsmethodik jedoch weitaus höher.

Dies ist umso eher für den Einzelnen nachvollziehbar und auch praktisch vorstellbar, wenn jeweils eine Messung verschiedener Indikatoren vor und nach den durchgeführten Änderungsmaßnahmen erfolgt. Die hierfür genutzten Kriterien umfassen die zuvor beschriebenen Elemente der Arbeitsorganisation, speziell die individuelle Arbeitsmethodik.

Ein speziell entwickeltes Verfahren gibt der einzelnen Führungskraft unmittelbar die Möglichkeit, eigene Verbesserungsnotwendigkeiten und Optimierungspotenziale zu erkennen. Ein praktisches Beispiel soll dies verdeutlichen und zwar anhand der folgenden Abbildung 21:

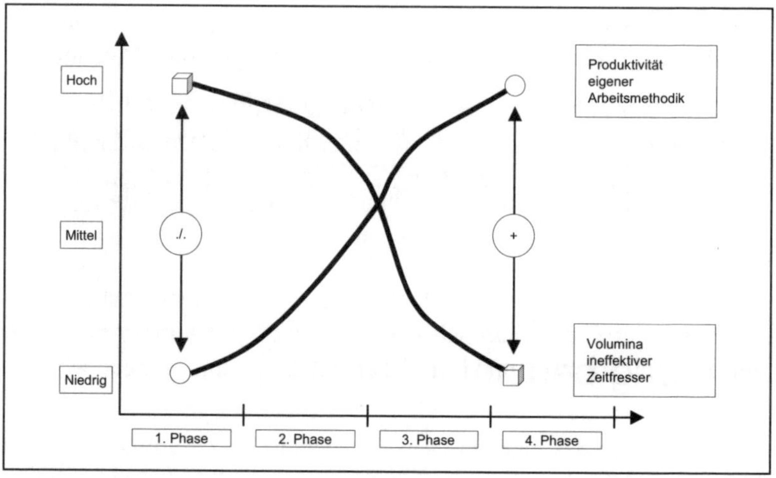

Abbildung 21: Zeitfresser versus verbesserter Arbeitsmethodik

Gemäß dem zuvor dargelegten Prozess zwecks Verbesserung der Arbeitsorganisation wurden beispielsweise die so genannten Zeitfresser in den verschiedensten Ausprägungen quantitativ und qualitativ, in der 1. Phase erfasst und bewertet. Die für wirkungsvoll gehaltenen Maßnahmen sind dann im Anschluss sukzessive umgesetzt worden, und bereits nach etwa sechs Monaten wurden schon merkliche Fortschritte erzielt. Eine zweite Messung belegte dann die bereits wahrgenommenen Effekte, wie zum Beispiel Reduzierung von unproduktiven Arbeiten, bessere Vorbereitung und Durchführung von Meetings, bessere Zeitplanung und straffere Führung des eigenen Terminplanes. So merkten die Mitarbeiter im direkten Umfeld ein wirkungsvolleres Führungsverhalten ihres Vorgesetzten, als dies bis noch vor einem halben Jahr der Fall war.

Das Besondere an diesem Entwicklungsprozess ist jedoch immer wieder folgende Tatsache: Am Anfang wird das prognostizierte Ergebnis nur bedingt vorstellbar für möglich gehalten, und erst im Zeitablauf wächst das Vertrauen in die eigenen Verbesserungspotenziale.

Das liegt vor allem an zwei Gründen: Zum einen können die benutzten Begriffe im Rahmen von Ressourcen-Optimierung eigener Arbeitsorganisation nur selten mit praktischem Inhalt versehen werden. Zum anderen besteht sehr häufig eine größere Lücke zwischen der Selbsteinschätzung der eigenen Arbeitsmethodik und hohen Optimierungsmöglichkeiten bei Anwendung professioneller Arbeitsweisen einschließlich der dazu erforderlichen Einstellung.

Führung beginnt im Kopf

Die Bedeutung des eigenen Denkens, gerade im Zusammenhang mit Führung, wird sehr oft unterschätzt. So hat der Psychologe Dietrich Dörner in einem Interview mit der Frankfurter Allgemeine Sonntagszeitung unter der Überschrift „Manager können keine Fehler eingestehen“ (2. Januar 2005) auf die Frage „Wo bleibt die gute Nachricht?“ Folgendes geantwortet: *„Strategisches Denken kann man lernen. Aber es ist schwer. Es hilft das Denken über das eigene Denken und das Üben des Problemlösens an immer wieder neuen Fällen. Das sollte das Hauptfach kommender Führungskräfte sein.*“ Das ist die eine Seite – die andere Seite ist, dass unser Denken sehr stark unsere Handlungsweise bestimmt und umgekehrt. Doch was hat dies mit Führung im Speziellen zu tun?

Drei Ansätze sollen dem Leser eine Annäherung an diese Fragestellung vermitteln, wohlwissend, dass es sich dabei um keine abschließende Darstellung handeln kann:

1. Ansatz
Er bezieht sich auf die ständig erforderliche Identitätsfindung in veränderten Aufgaben bzw. Rollen als Führungskraft.

2. Ansatz
Im Vordergrund steht hier der effektive Umgang mit den zur Verfügung stehenden Ressourcen.

3. Ansatz
Gerade unter dem Aspekt der personalen und sozialen Kompetenzen wird die eigene Kommunikationsfähigkeit in Führungsfragen von entscheidender Bedeutung werden.

1. Ansatz – Identitätsfindung

Führungskräfte agieren oft deshalb nicht erfolgreich, weil sie sich über ihre eigene Identität nicht im Klaren sind. Vielfach besteht ein diffuses Selbstbildnis und wird dementsprechend auch von Mitarbeitern wahrgenommen. Oft ist dies mit der Folge verbunden, dass die Mitarbeiter ihren Vorgesetzten in seinem Handeln als unberechenbar bezeichnen und damit oft nicht als verlässlich ansehen.

Doch gerade in Zeiten ständig wachsender Anforderungen in der Aufgabenstellung und sich permanent ändernden Umfeld-Bedingungen in und außerhalb einer Organisation, wächst die Orientierungslosigkeit der davon Betroffenen überproportional, womit automatisch ein Sinken in der Arbeitsproduktivität einhergeht. Dies erfolgt meist getreu dem Motto: Als sie das Ziel aus den Augen verloren, erhöhten sie ihre Kraftanstrengungen um das Doppelte (in Anlehnung an die Geschichte aus Huckleberry Finn, als sie mit ihrem Ruderboot auf dem See unterwegs waren).

Häufig sind sich Führungskräfte gar nicht darüber im Klaren, warum zum Beispiel ihr bisher erfolgreicher Führungsstil in einer anderen Funktion (in einer anderen Betriebseinheit) nicht mehr funktioniert. Sie haben sich doch gar nicht verändert – so oft ihre Einschätzung.

Das mag durchaus zutreffen, nur die Erwartungen der neuen Mitarbeiter sind nicht die gleichen. Und ebenso bedeutsam ist, dass seine neue Rolle ein anderes Miteinander erfordert, als es bis dato praktiziert wurde.

Häufig ist Führungskräften gar nicht bewusst, dass ihre (wahrgenommenen) unterschiedlichen Rollen bzw. Funktionen auch unterschiedliche Identitäten zur Folge haben.

Das Gespür hierzu zu entwickeln und immer wieder zu hinterfragen, das heißt am Selbst- und Fremdbild zu arbeiten, bedarf vor allem eigener Reflexion. Allein die Fragestellung: „Inwieweit stimmt meine Führungshandlung mit dem Leitbild des Unternehmens überein?“ erzeugt häufig mehr Falten auf der Stirn des Betreffenden als eindeutige Antworten.

Doch diese benötigen die Mitarbeiter, wenn sie sich mit ihrer Aufgabe identifizieren sollen. Hierin liegt mit ein gravierender Grund für den Mangel an Führung und die damit verbundenen enorm hohen Produktivitätsverluste.

Doch Orientierung kann nur derjenige aktiv vorleben, und damit im täglichen Führungsalltag praktizieren, der sie selbst verinnerlicht hat. Denn nur damit wirkt er glaubwürdig und überzeugend zugleich. Hierbei ein Gleichgewicht zu schaffen zwischen dem ständig wachsenden Tagesgeschäft und den Vorgaben längerfristiger Zielprojektionen erfordert ein hohes Maß an Selbstdisziplin.

Vor diesem Hintergrund erlangt die folgende Aussage von Howard Gardner eine besondere Bedeutung: *„In Zeiten, als Angestellte noch dieselben Arbeiten ausführten wie ihre Vorgänger, war Selbsterfahrung ein Luxus, wenn nicht eine Belastung. Angesichts der extremen Wandelbarkeit von Posten, Rollen und Anforderungen im modernen Arbeitsleben ist ein genaues, aktuelles und flexibles Verständnis der eigenen Wünsche, Bedürfnisse, Ängste und optimalen Lernformen für jeden unerlässlich. Menschen mit ausgeprägter intrapersonaler Intelligenz sind in der Geschäftswelt als Mitarbeiter begehrt, denn sie sind in der Lage, auch unter rasch wechselnden Bedingungen von ihren Talenten optimalen Gebrauch zu machen, und sie wissen, die eigenen Begabungen mit denen der Teamkollegen zu koordinieren“*.[19]

Doch wie können die oft festgestellten Defizite im Denken abgebaut werden, um damit auch der „Logik des Misslingens“ vorzubeugen?

An dieser Stelle möchte ich ebenfalls keine Rezepturen oder Methoden als Lösung darstellen, sondern meine Empfehlungen gehen in die Richtung: Eher dem Selbstdenken eine Chance zu geben als Management-Moden auszuprobieren. Diese sind zwar sehr hilfreich beim eigenen Hinterfragen und leisten einen guten Sparring-Dienst, aber ersetzen sie nicht die eigene Abwägung und Entscheidungsfindung.

Von daher nenne ich an dieser Stelle einige Aphorismen zum Nach-Denken, einige Fragestellungen zum Über-Denken und einige Empfehlungen zum Be-Denken:

Aphorismen zum Nach-Denken [20]

- „Deshalb verrät alles, was man sagt,
  all das, was man denkt."

- „Wie kann ich daran denken,
  wenn ich es bis dato nicht wusste."

- Bekanntlich heißt es: „Wo ein Wille ist,
  ist auch ein Weg, doch genügt allein der Wille nicht,
  wenn man den Weg nicht sieht."

- „Man kann nie erfahren,
  was man nicht selbst erlebt hat.
  Aber man erfährt oft,
  was andere falsch bewertet haben."

- „Viele meinen, mit dem Treffen
  einer Entscheidung
  hätten sie auch den betreffenden Sachverhalt verstanden."

- „Wer eine Entscheidung trifft,
  muss nicht automatisch treffen."

- „Wer meint, mit seinen Augen alles zu sehen,
  vergisst oft, dass er nur das sehen kann, was er weiß."

Fragestellungen zum Über-Denken

- Nach welchem/n Prinzip/ien bzw. Grundeinstellung(en) führe ich?

- Worauf konzentriere ich mich bei meiner Arbeit?

- Was sind für mich die entscheidenden Erfolgsparameter meiner Führung?

- Was können andere von meiner Führung erwarten?

- Wie viel Zeit verwende ich im Jahr zur eigenen Inventur, beispielsweise hinsichtlich eigener Ziele und Arbeitsweisen?

- Inwieweit stimmen meine persönlichen Erwartungen mit den Ergebnissen meiner Führung überein?

- Welchen Stellenwert hat die eigene Meinungsbildung beim Treffen von Entscheidungen?

Empfehlungen zum Be-Denken

- Bei allem rational begründeten Vorgehen darf nie außer Acht gelassen werden, dass die Emotionen häufig die entscheidende Kraft des Handelns bzw. der Entscheidungsfindung ausmachen – bei anderen wie bei einem selbst.

- Den eigenen Erfahrungs- und Ideenschatz kann man enorm erweitern, wenn andere in die eigenen Meinungsbildung mit einbezogen werden – durchaus auch gegenteiliger Art.

- Je komplizierter die Umwelt und je mehr die Informationen zunehmen, umso hilfreicher sind die Denker klassischer Schulen wie auch die Philosophen der Neuzeit.

2. Ansatz – Umgang mit Ressourcen

Zwei entscheidende Ressourcen stehen hier im Vordergrund, die jede Führungsaufgabe besondern kennzeichnen, zum einen geht es um: Wissen – seiner Generierung und wie auch Einsatz – und um den Faktor Zeit – Engpass aller Orten.

Die Vielfältigkeit der Aufgabenstellung einer Führungskraft erfordert deshalb einen verantwortungsvollen Umgang mit den Ressourcen, da sie bekanntermaßen zum einen sehr teuer sind, insbesondere dann, wenn Innovationen gefordert sind, somit das Wissen unter anderem intern wie extern aufgebaut bzw. eingekauft werden muss. Zum anderen ist der Umgang mit der Ressource Zeit sehr oft alles andere als effektiv – oft kann man von Vergeudung sprechen.

Doch was hat dies mit der Hauptüberschrift „Führung beginnt im Kopf" zu tun? Die Antwort liegt in der

- Erhaltung der Wandlungs- bzw. Weiterentwicklungsnotwendigkeit, um weiter bestehen zu können, und in der
- Reduzierung der wachsenden Komplexität, hier beispielsweise im Hinblick auf die Wissens-Bündelung bzw. -Nutzung.

Und damit dies auch funktioniert, sind gerade die Führungskräfte im besonderen Maße gefordert, um sich auf die immer schneller werdenden Veränderungen rechtzeitig und möglichst proaktiv einstellen zu können. Nicht von ungefähr zeigen Studien folgenden Trend immer wieder auf: Der Nutzungsgrad des im Unternehmen vorhandenen Wissens liegt bei einem Großteil der Firmen lediglich zwischen 20 % und 40 %.

Zwei Praxisbeispiele einfachster Art verdeutlichen dies: In einem Unternehmen wurde über ein Jahr hinweg eine Produktinnovation betrieben, die jedoch keine Marktreife erlangte. Man entschloss sich, ein Patent in den USA zu kaufen. Drei Monate später wurde bei der Einführung des neuen Produktes bekannt, dass das gleiche Produkt-Modell 1 ½ Jahre zuvor in einer anderen Abteilung des gleichen Unternehmens entwickelt wurde, aber seinerzeit mit dem Hinweis in den Schrank gelegt wurde: „das wird der Markt uns nicht abnehmen".

In einem anderen Fall sollten Geschäftsprozesse in einem Geschäftsbereich vereinheitlicht werden, wozu eine neue Software eingekauft und über sechs Monate hinweg entsprechend angepasst wurde. Hätte man sich im Unternehmen vorher einmal informiert, bzw. einen transparenten Wissenszugang über wesentliche Neuerungen auf diesem Sektor installiert, dann hätte man sich diese zusätzlichen Kosten (siebenstelliger Euro-Betrag) wie auch Kapazitätsbindungen einschließlich Umstellungszeiten etc. ersparen können. Denn das gleiche Produkt wurde in einem Tochterunternehmen zwei Jahre zuvor installiert.

Einige Empfehlungen deshalb an dieser Stelle zum Themenbereich Wissensnutzung:

- Führungskräfte müssen ein vitales Interesse haben, dass Wissen eingeholt wie auch weitergegeben wird.
- Die Weitergabe des Wissens sollte in der Regel mit Anreizen versehen werden, um zum Beispiel mentalen Widerständen aktiv zu begegnen.
- Die Einstellung der Mitarbeiter zur Weitergabe positiv beeinflussen im Sinne von Nutzenbeitrag für das Unternehmen.
- Unterstützung geben im Handling von Wissensbeschaffung und Weitergabe von selbst gewonnenem Wissen.

Einige Empfehlungen zum Faktor Zeit:

- Im Umgang mit seiner eigenen Zeit und im Umgang mit der Zeit anderer zeigt sich sehr schnell, wie die einzelne Führungskraft mit dem großen Engpassfaktor umgeht – verschwenderisch oder sehr zielgerichtet. Zeitmessungen machen dies sehr deutlich.
- Je schneller die Zeit- sprich Arbeitstakte ausfallen, umso wichtiger ist es, so genannte Entschleunigungszeiten für sich einzubauen – nicht zuletzt, um den Überblick zu behalten bzw. nicht das Wesentliche aus den Augen zu verlieren.
- Gerade im Umgang mit der Zeit zeigt sich, wie verantwortungsvoll der Einzelne damit umgeht – angefangen von der sich stets

potenzierenden Unpünktlichkeit, denn mindestens zwei trifft es immer zum Nachteil – bis hin zur Verdoppelung terminlich fixierter Meetings. Führungskräfte sitzen hier immer am Hebel bzw. am Steuer eigener (praktizierter) Zielvorgaben und Zielerreichungsgrade.

An dieser Stelle sei nochmals auf die erforderliche Arbeitsproduktivität Bezug genommen, die gerade durch eine effektive Führung erhöht oder stark beeinträchtigt wird. Hierzu ein praktisches Beispiel, das die zuletzt aufgeführten Empfehlungen sehr plastisch vor Augen führt: Allein durch die konsequente Einhaltung verbindlicher Termine bezüglich Besprechungen und Meetings wurden innerhalb von zwei Monaten im Durchschnitt 10 % der täglichen Arbeitszeit pro Mitarbeiter bzw. Vorgesetzten innerhalb eines Organisationsbereiches von circa 50 Mitarbeitern erzielt! Und das war genau die Zeit, über die die betreffenden Führungskräfte immer klagten, wenn die Personalführung im Tagesgeschäft aus Zeitmangel auf der Strecke blieb.

Erreicht wird dies zuallererst, wenn die entsprechende Einstellung vorhanden ist, wofür Führungskräfte mit verantwortlich sind. Eigentlich sind dies Selbstverständlichkeiten, doch genau die werden oft als nebensächlich abgetan. Gründe dafür sind vielfältiger Art, doch entscheidend ist, wie verantwortungsvoll jeder Einzelne mit der Zeit des anderen umgeht.

3. Ansatz – Kommunikation

Neben dem Umgang mit der Zeit ist die Art und Weise des Kommunizierens Dreh- und Angelpunkt erfolgreicher Führung. Wir leben zwar in einer so genannten Informationsgesellschaft, aber die Kommunikation kann man durchaus als das entscheidende Schmiermittel für das Funktionieren von Führung bezeichnen.

Jedoch wird die Bedeutung erforderlicher Kommunikation als überflüssig angesehen, passt zeitlich nicht oder wird in nicht adäquater Weise betrieben. Nicht von ungefähr sind signifikante Indikatoren hinsichtlich mangelnder Führung, unter anderem folgende Punkte: nicht erfolgte oder nur rudimentäre Informationsweitergabe, Nicht-

Erreichbarkeit des Vorgesetzten innerhalb einer für beide Seiten vertretbaren Zeitspanne, ja sogar mangelnde Offenheit, insbesondere im Rahmen von sich klar abzeichnenden Veränderungsprozessen.

Dabei herrscht immer wieder folgender Irrtum vor: Menschliche Kommunikation unterliegt emotionalen Bedingungen und folgt nicht logischen Gesetzen. Das bedeutet unter anderem, dass je nach Kommunikationspartner eine unterschiedliche Kommunikationsebene besteht, die zwar nicht immer wieder neu hergestellt werden muss, die aber immer von der individuellen Situation, natürlich auch unter dem Zeitaspekt gesehen werden muss. Denn gleiche Worte bedeuten nicht automatisch gleiches Kommunikationsergebnis. Immer wird das Erlebte, ob in verbaler oder nonverbaler Art, durch die jeweilige persönliche Brille aufgenommen und sofort bewertet.

Dies ist nämlich eine besondere Herausforderung für Führungskräfte: zuzuhören – ohne zugleich zu werten (aktives Zuhören) – und Entscheidungen zu treffen – ohne das Gehörte produktiv im Sinne der Aufgabenstellung nicht mitzuberücksichtigen.

Kommunikation wird somit oft zu einem vertrauens- oder misstrauensbildenden Faktor, der sich unmittelbar in der Führungsleistung niederschlägt. Und damit schließt sich der Kreis zur eingangs genannten These:

> **Führung ist immer Ausdruck der eigenen Einstellung und Werthaltung!**
>
> Und damit auch immer eine Frage der eigenen Denk- und Handlungsgewohnheiten, die sich in der Art der eigenen Kommunikation, dem Kommunikationsverhalten im Besonderen und seiner persönlichen Dialog-Bereitschaft und Dialog-Fähigkeit ausdrückt.

Einige Empfehlungen an dieser Stellen lauten deshalb wie folgt:

- Produktive Gesprächs- und Besprechungskultur zu schaffen
- Aktives Zuhören praktizieren – auch wenn die Minute einem dabei doppelt so lange vorkommt – denn im Ergebnis hat man fast immer mehr als das Doppelte erreicht
- Reflektieren des eigenen Kommunikationsverhaltens und seiner Wirkungen
- E-Mail-Kommunikation nicht als Ersatz für eigentlich erforderliche Gespräche ansehen
- Persönliche Kontakte, und wenn sie noch so kurz sind, bewirken bei Mitarbeitern mehr, als vermutet wird
- Gerade in der Kommunikation spiegelt sich die eigene Werthaltung in Form der Wertschätzung dem anderen gegenüber
- Sich immer ein offenes Ohr bewahren, auch wenn die „Zeiten" noch so herausfordernd bzw. anstrengend sind

Arbeits-Hypothesen zum Vergleich

Ganz im Sinne einer möglichst einfachen und praktischen Überprüfung der eingangs genannten sieben Arbeits-Hypothesen hier nun das Ergebnis der Experten-Befragung im Überblick mit der Möglichkeit einer eigenen Einschätzung.

Thesen	Meinungsspektrum	Eigene Einschätzung bzw. Erfahrungen
1. These Führung ist nichts Außergewöhnliches	Überwiegende Zustimmung, mitunter jedoch auch gegenteilige Auffassung	....

2. These Führung will gekonnt sein	Uneingeschränkte Zustimmung	....
3. These Nur wer selbst führen kann, kann auch andere führen	Uneingeschränkte Zustimmung	....
4. These Führung will wie kochen gelernt sein	Fast ausschließlich Zustimmung	....
5. These Viele versuchen, Führungsaufgabe mit gestrigen Erfahrungen zu bewältigen	Absolut zutreffend	....
6. These Führung ist immer Ausdruck der eigenen Einstellung und Werthaltung	Zustimmung auf breiter Front	....
7. These Führungsleistungen beeinflussen in weitaus höherem Maße die Produktivität, als angenommen wird	Teilweise Zustimmung – mitunter nicht für messbar gehalten	....

Selbstverständlich kann es sich hierbei nur um einen Ausschnitt von Meinungen handeln, die aber sehr hilfreich sein können, die eigene Meinungsbildung im Sinne von Hinterfragen der eigenen Führung weiterzuentwickeln.

Anmerkungen

1 The Gallup Organization, Pressemeldung 2001.

2 Campus Management Band 2, S. 1831.

3 Duden, Herkunftswörterbuch, Duden Band 7, 2001.

4 Campus Management, Band 2, S. 1831.

5 Malik, Feldmund: Führen, Leisten, Leben. Wirksames Management für eine neue Zeit, München 2001.

6 Campus Management, Band 1, 2003, S. 266 ff.

7 Campus Management, Band 1, 2003, S. 268.

8 In dem 1998 veröffentlichten Buch „Gerhard Hölzerkopf, Personalarbeit mit System Potenziale nutzen, Messbarkeit sichern" wird eine Antwort mit Lösungsansätzen vorgestellt.

9 Heiner Müller-Merbach, Philosophie-Splitter für das Management, 2. Aufl., Bad Homburg v.d.H. 1992, S. 5.

10 Ebd., S. 5.

11 Bauer, Joachim, Das Gedächtnis des Körpers, München Zürich 2004, S. 19.

12 Basierend auf mehreren Untersuchungen in der Zeit von 1999 bis 2004, an denen der Autor mitwirkte.

13 Bauer, Joachim, Das Gedächtnis des Körpers, München Zürich 2004, S. 199.

14 Ebd., S. 199.

15 Gardner, Howard, Intelligenzen Die Vielfalt des menschlichen Geistes, Stuttgart 2002, S. 39 ff.

16 Ebd. S. 239.

17 brand eins, 5. Jahrgang, Heft 05/2003, S. 12.

[18] Drucker, Peter F., Das Geheimnis effizienter Führung, Harvard Businessmanager, August 2004, S. 35.

[19] Gardner, Howard, Intelligenzen, S. 239.

[20] Hölzerkopf, Gerhard, Aphorismen zum Handeln, Zürich 2002, S. 14 f.

Literaturverzeichnis

Bauer, Joachim, Das Gedächtnis des Körpers, München 2004

Campus Management, Band 1 und 2, Frankfurt am Main 2003

Crainer, Stuart, Managementtheorien, die die Welt verändert haben, Niedernhausen/Ts. 1999

Csikszentmihalyi, Mihaly, Flow, Stuttgart 1992

Csikszentmihalyi, Mihaly, Dem Sinn des Lebens eine Zukunft geben, Stuttgart 1995

Denkanstöße 2004, Ein Lesebuch aus Philosophie, Kultur und Wissenschaft, München 2003

Dörner, Dietrich, Die Logik des Mißlingens, Strategisches Denken in komplexen Situationen, Reinbek bei Hamburg, August 1992

Drucker, Peter F., Management im 21. Jahrhundert, München 1999

Drucker, Peter F., Die Kunst des Managements, München 2000

Drucker, Peter F., Das Geheimnis effizienter Führung, Harvard Businessmanager, August 2004, S. 26 ff.

Gardner, Howard, Dem Denken auf der Spur, Stuttgart 1999

Gardner, Howard, Intelligenzen. Die Vielfalt des menschlichen Geistes, Stuttgart 2002

Harvard Businessmanager, Spezial, Motivation, Was Manager und Mitarbeiter antreibt, April 2003

Harvard Businessmanager, Spezial, Führung, Was gutes Management ausmacht, April 2004

Heinrichs, Johannes/Hormann, John, Wörterbuch des Wandels, München 1991

Herrhausen, Alfred, Denken, Ordnen, Gestalten, Reden und Aufsätze, München 1992

Hölzerkopf, Gerhard, Personalarbeit mit System, Potentiale nutzen – Messbarkeit sichern, Wiesbaden 1998

Hölzerkopf, Gerhard, Aphorismen zum Handeln oder wie die Welt noch aussehen kann, Zürich 2002

Kübel, Rolf, Ressource Mensch, Erfolg durch Individualität, München 1990

Little, Arthur D. (Hrsg.), Management im vernetzten Unternehmen, Wiesbaden 1996

Lombriser, Roman/Abplanalp, Peter A., Strategisches Management, 2. Aufl., Zürich 1998

Malik, Fredmund, Führen Leisten Leben, 8. Aufl., München 2000

Marc Aurel, Selbstbetrachtungen, Frankfurt am Main und Leipzig 2003

Nair, Keshavan, Führen durch Vorbild, Freiburg im Breisgau 1997

Müller-Merbach, Heiner, Philosophie-Splitter für das Management, Bad Homburg 1995

Nützi, Ruedi, Am Anfang steht das Wort, Zürich 2003

Pelz, Waldemar, Kompetent führen, Wiesbaden 2004

Popper, Karl R., Alles Leben ist Problemlösen, 8. Aufl., München 2004

Probst, Gilbert/Raub, Steffen/Romhardt, Kai, Wissen managen, 4. Aufl., Wiesbaden 2003

Sennett, Richard, Der flexible Mensch, 6. Aufl., Berlin 1998

Streich, Richard v., Managerleben – Im Spannungsfeld von Arbeit, Freizeit und Familie, München 1994

Watzlawick, P., Wie wirklich ist die Wirklichkeit, 10. Aufl., München 2002

Weimer, Alois/Weimer, Wolfram (Hrsg.), Mit Platon zum Profit, Ein Philosophie-Lesebuch für Manager, Frankfurt am Main 1994

Weischedel, Wilhelm, Die philosophische Hintertreppe, 34 große Philosophen in Alltag und Denken, München 1996

Wieselhuber, Dr. & Partner, Handbuch Lernende Organisation, Wiesbaden 1997

Wunderer, Rolf/Dick Petra, Personalmanagement – Quo vadis? Neuwied-Kriftel 2000

Würtele, Günther (Hrsg.), Lernende Elite, Frankfurt am Main 1993

Zürn, Peter, Ethik im Management, Antworten auf Fragen der Zeit, Frankfurt am Main 1991

Anmerkung:

Wenn Sie an weiterführender Literatur interessiert sind, gebe ich Ihnen gerne weitere Hinweise (siehe Nachwort).

Abbildungsverzeichnis

Nachwort

Ganz im Sinne dieses Buches möchte ich eine praktische Handreichung im wahrsten Sinne des Wortes als Nachwort hervorheben.

Und zwar vor dem Hintergrund, dass sich Führung in der eigenen Situation durchaus anders darstellen kann, als man es vielleicht gerade gelesen hat, wozu man aber eine praxisbezogene Antwort benötigt. Deshalb möchte ich dem Leser die Möglichkeit des Dialoges, in welcher Form auch immer gewünscht, anbieten.

Denn unabhängig davon, ob es sich um Fragen zur eigenen Führung, Führung anderer oder von Gruppen, Institutionen bzw. Organisationen handelt oder Interesse an weiterführender Literatur besteht, erhalten Sie auf alle Fälle eine Antwort. Darüber hinaus bin ich für Anregungen bzw. Hinweise zu diesem überaus sich immer weiter entwickelndem Thema Führung sehr dankbar.

Meine persönliche Adresse lautet:

gh@arsliven.de

Sie erhalten stets eine Antwort!

Der Autor

Gerhard Hölzerkopf, Diplom-Kaufmann, studierte nach Abschluss einer Elektrotechniker-Lehre (ABB) Betriebswirtschaftslehre an der Universität in Frankfurt/M. Während des Studiums arbeitete er in der Industrie/Marktforschung und Informationstechnologie.

Im Anschluss daran absolvierte er ein Traineeprogramm zum Filialleiter der Commerzbank AG. Ende der 70er Jahre wechselte er in das Personalressort, wo er 14 Jahre in verschiedenen Funktionen im Personalmanagement der Linie und des Stabes tätig war, zuletzt als Direktor und Mitglied der Leitung der Zentralen Personalabteilung der Commerzbank AG.

1994 gründete er die Gesellschaft ghp (Gerhard Hölzerkopf Personal-Management und Unternehmensberatung) als virtuelles Unternehmen mit seinen Standorten Frankfurt, Hamburg und München. Seit 1999 ist er geschäftsführender Gesellschafter der GHP Management Consulting GmbH. Insbesondere beschäftigt er sich mit der Entwicklung und Umsetzung innovativer Lösungen in den Bereichen Führung, Human Resources und Organisationsentwicklung. Er betätigt sich als Coach im Rahmen des eigens entwickelten MiD® (Management im Dialog) und berät Unternehmen und Organisationen in entscheidenden Arbeits- und Führungs-Fragestellungen. Darüber hinaus ist er Autor mehrerer Veröffentlichungen.